U0293329

走，挖野菜去！

常见野菜辨识图鉴及食用指南

原连庄　主编

河南科学技术出版社
·郑州·

主　编　原连庄

副主编　李正禄　原让花　刘冬云

编　委　李金玲　肖　艳　王晓玲　原静云　刘学圣　原淑玉

摄　影　刘　堤　李玉平

图书在版编目（ＣＩＰ）数据

　走，挖野菜去！：常见野菜辨识图鉴及食用指南 / 原连庄主编 .
—郑州 : 河南科学技术出版社 , 2020.3
　ISBN 978-7-5349-9884-3

　Ⅰ . ①走… Ⅱ . ①原… Ⅲ . ①野生植物－蔬菜－识别－中国－图
集②野生植物－蔬菜－菜谱－指南 Ⅳ . ① S647-64 ② TS972.123-62

　中国版本图书馆 CIP 数据核字 (2020) 第 026677 号

出版发行 : 河南科学技术出版社
　　　　地址 : 郑州市郑东新区祥盛街 27 号　邮编 : 450016
　　　　电话 : (0371) 65737028　65788613
　　　　网址 : www.hnstp.cn
责任编辑 : 冯　英
责任校对 : 张　敏
整体设计 : 张　伟
责任印制 : 朱　飞
印　　刷 : 河南新达彩印有限公司
经　　销 : 全国新华书店
开　　本 : 720 mm×1020 mm　1/16　**印张** : 10　**字数** : 250 千字
版　　次 : 2020 年 3 月第 1 版　2020 年 3 月第 1 次印刷
定　　价 : 59.00 元

我为什么要编写这本书

上世纪六十年代初，我出生在沁阳的一个偏僻农村。我的家乡西向镇常乐村，素有"北靠太行山，南临沁河滩"之说。

对于生长在这样一个环境下的农村孩子来说，田园里、山坡上的野草野花，从小就司空见惯。自然，野菜也伴随着我的成长，在我的记忆里深深地扎下了根。

让我记忆最深的是我的老外祖母。她一辈子喜欢喝野菜粥。春天和冬天，老外祖母一定要喝面条菜熬的粥；夏天和秋天，一定要喝曲曲菜熬的粥。要是哪天熬的粥里没有了野菜，她就会闹情绪甚至不吃饭。老外祖母活了九十多岁，曾经是我们村里最长寿的老人。她老人家在世时，常说自己闰年闰月一百岁了。在那个比较贫穷的年代里，老外祖母常年伴随着野菜生活，从没有迈进过医院的大门，现在想起来也真是有点不可思议！

由于老外祖母喜欢吃野菜，从小我就对野菜有着浓厚的兴趣。我经常挎着小篮，为她采挖野菜：春天，看到翠绿欲滴、生机勃发的曲曲菜时，就会欣喜若狂；冬天，瞧见麦田里嫩绿的面条菜时，就像发现了金矿似的高兴万分。

割猪草时，打碗花、鳢肠、刺脚菜等都是囊中之物。

上小学的时候，学校组织勤工俭学，经常会到河边岸头、山沟山坡采挖中草药。老师教我们认识什么是野山菊花呀，什么是小白蒿呀，什么是车前草呀等等。

饭桌上，常有野菜飘香，除了天天都有的野菜粥，时不时还会有妈妈腌制的野咸菜、马齿苋烙饼、槐花炒鸡蛋等。

到了1978年，高中毕业的我参加了高考，报考了农业院校并被录取，从此离开了生活十几年的家乡，离开了伴随我成长的野菜，开始了蔬菜育种专业的学习。

毕业后，我被分配到新乡市农科院，进行大白菜育种工作。在我们试验的田间地头，时不时会看到各种熟悉的野菜。这些年来，我越来越觉得小小的、不起眼的野菜不但有着栽培蔬菜所没有的独特营养和美味，还有着特殊的药用价值和用途。我身边有几个曾经患有尿路感染的病人，通过吃西药或打点滴，病情很快好转，但会经常反复，一直不能根除。后来，就用车前草煮水喝，连续喝了一个多月，基本上不再复发；我的一个朋友曾经患有慢性肠炎，吃西药久治不愈，后来，听一位老先生说喝马齿苋煮的水可以治疗这种病，于是，她就常年喝马齿苋煮的水，治好了慢性肠炎。

日常生活中，像这样用野菜单方治好病的事例，举不胜举。

不同的地方对于野菜有不同的认知，例如，构树的雄花（被称为构穗或构棒槌），在河南很多地方都会被采摘下来蒸着吃，而在湖北襄阳城墙边却是散落地面无人识，询问当地人都摇头说没吃过。麦田边常见的米米蒿，好多人不知道能作为野菜来吃。

于是，我就想把生活中这些野菜的食用和药用情况搜集整理出来，把我知道的一些野菜知识告诉大家，帮助人们增进对野菜的认识，科学合理地利用和保护野菜资源，充分发挥野菜的作用。

2014年，我们组成了一个野菜编写团队，开始搜集信息、查找资料、拍摄图片，进行了大量辛苦、细致的工作。

我们多次到各地考察野菜资源，了解具有地方特色的野菜和食用方法。在南阳考察时，发现当地人把如同蛤蟆皮似的蛤蟆草作为野菜售卖，甚至有人还专门种植，当地人用蛤蟆草炒鸡蛋的偏方治疗咳嗽；在济源考察时，发现当地人把叶片上遍布毛刺的狼紫草，称为沙锅破残，作为野菜食用；在西双版纳考察时，看到当地人毫无顾忌地把含有生物碱的龙葵捆成一把一把的，在集市售卖，称为苦凉菜，这是当地人喜食的野菜；车前草煮猪蹄，也是西双版纳人喜欢的一道美味佳肴；在内蒙古考察时，发现当地人把曲曲菜和蒲公英进行驯化栽培，并获得了很好的经济效益。

为了发掘民间野菜的偏方和食用方法，我们深入偏远乡村和山区，探访长年深居山野、多年采食野菜的老山民。回来后，我们把每种野菜都按不同的方法烹制成菜肴，如同神农尝百草一般，一一品尝体味，以充分验证食用安全性，并选出最佳的烹制食用方法。

为了帮助读者辨识野菜，我们实地、实物拍摄了数以万计的野菜图片。从小苗出土到开花结果，用镜头跟踪记录野菜的一生；从根、茎、叶到花、果、子，用图片显示野菜的全貌。对一些野菜还进行了必要的结构解剖，以展现其内部生理情况。为确保拍摄的图片能呈现最真实的效果，我们翻山越岭，在偏僻荒野、草丛密林、山坡沟壑中奔波寻找，从自然生态群落中选取最能反映形态特征的植株进行拍摄。为了更好地观察野菜的生长情况，我们还将一些不好寻找采挖的野菜移植到专门开辟的野菜园中，进行生长周期观察，以弥补野外观察之不足。

如此这般，前后经过三四年的时间，方才完成了野菜图片资料的拍摄采集。

本书的每张图片，虽然都是我们实地、实物拍摄的，但有的野菜因生长时期和生长环境不同，其植物形态会有所差异。书中每种野菜的物候期，是以中原地区的时节为参照的。

此外，因各地饮食习惯不同，在烹制野菜时，不必拘泥于书中的方法，读者可以根据自己的爱好和习惯进行。

在编写本书的过程中，我们查阅参考了许多相关资料，接受了不少智者的建议和帮助。在此，一并表示感谢。

由于我们对野菜知识掌握得不够全面和深入，书中难免存在不妥之处，敬请同行和广大读者多提宝贵意见。

最后，让我们以一首《野菜歌》作为结束语，并将其献给亲爱的读者：

野生蔬菜是个宝，珍贵奇妙营养高。

绿色环保还美味，养生养颜兼食疗。

药性有寒又有温，酌情食用把握好。

合理采挖莫忘了，保护资源要记牢。

原连庄

二〇一九年十月

编者的话

野菜，通常是指自然生长、可食用的野生植物。

野菜生长在野生环境下，不喷洒农药，不使用化肥，不存在化学催生，饱含天地灵气，备受自然洗礼，是实实在在的绿色有机食品。

野菜和种植的蔬菜一样，含有人体所需的各种营养成分，富含膳食纤维。有些野菜还富含某些营养成分，比如，水菠菜中维生素 A、维生素 C 含量很高；苋菜富含钙质、维生素 K 和铁；曲曲菜中钾的含量高达 411.45 毫克 /100 克，在所有绿色蔬菜中含量最高；刺脚芽的维生素 K_1 含量可达 7.88 毫克 /100 克，比栽培蔬菜中维生素 K_1 含量很高的菠菜还高 4 倍。

有些野菜味道独特，别具风味。比如，香椿、紫苏、艾、藿香、十香菜、薄荷、米米蒿、藁本都有特殊的香味；刺脚菜、蒲公英、曲曲菜、苦菜都带有苦味；酢浆草、酸不溜、水菠菜的味道都是酸酸的。常年食用司空见惯的栽培蔬菜，难免让人产生腻烦心理。品味独特的野菜，不仅能够增添菜食的花色品种，更具有"改换口味"的调剂作用。

有些野菜有一定的药用价值。民间有许多用野菜治病的偏方。比如，马齿苋全株煮水，用于治疗慢性肠炎；车前草煮水治疗慢性尿路感染；蒲公英用于清热解毒等。

野菜食用注意事项

要根据野菜的特点选择不同的烹饪方法。比如，泥胡菜炒着吃苦味十足，难以入口，但要是在清明节前后做成发面蒸糕就没有苦味了。我们对书中收录的每一种野菜都给出了适合的烹制方法，可供参考。

灰灰菜、苋菜、马齿苋等野菜中含有光敏物质，食用后不要长时间强光暴晒，以免引起日光性皮炎。

与栽培蔬菜相比，大部分野菜的草酸含量较高，如马齿苋、灰灰菜等。草酸会阻碍食物中钙等矿物质的吸收。所以，野菜不要过量食用，烹制时用沸水焯一下，尽量减少草酸的含量。

有些野菜含有毒性生物碱等有毒物质，不同部位、不同季节含量不同，要特别注意和小心。比如，未成熟的龙葵果实有毒，不能吃，叶子也需焯水解毒后才可以食用。

多数野菜都性寒（凉），易造成脾胃虚寒，吃了多会引起不适。因此，野菜不能像萝卜白菜一样天天吃、顿顿吃。

在烹制加工野菜时，一般情况下先要用开水焯一下，再用凉水浸泡一段时间，以除去毒素或异味。虽说野菜大多数是无毒的，但有小部分还是有微毒或小毒的。对于一般的野菜来说，采挖择洗干净后，就可以直接加工食用；而具有微毒或小毒的野菜，还需要用开水烫煮、放入凉水中浸泡一段时间，再用清水反复冲洗，将毒素去除后方可加工食用。

同时，由于每个人的身体情况不同，对野菜的适应性也会有所不同。因此，对于没有吃过的野菜，一定要先少量品尝，确信自己能够适应时，再适量摄取。

野菜采挖注意事项

一定要认清是什么野菜再采挖，不认识、拿不准的不要采食。有些野生植物有剧毒，误食是会要人命的，千万不可掉以轻心。比如，毒芹菜的毒性很强，它与水芹菜很像，只是茎部毛茸茸的，一定不能误采误食。

如果在农田、果园等处采挖，要先弄清楚近期是否喷洒过农药。

不要在有污染的化工厂附近、医院周围、交通量大的公路旁边或污染的河水沟渠等处采挖。

采挖野菜时最好穿长衣长裤，不要光脚，尽量包裹严一些，以免划伤、扎伤，防范蚊虫叮咬，提防蜱虫、蛇、蝎、蜂等。

要清楚野菜的食用部分——根、茎、叶、花、果、种子等器官哪些适宜吃。比如，扫帚苗的根系具有吸收重金属的功能，所以要尽量选择茎尖端的嫩叶食用。

要注意采挖时期。有的野菜，适时采挖是野菜，过时采挖是野草；适时采挖营养多，过时采挖营养少。比如，茵陈的采挖时令性就很强，中原一带有"正月茵陈二月蒿，三月拔起当柴烧"的说法。再比如，春天刚刚发芽的曲曲菜，维生素 C 含量很高，而进入 4 月中旬，其维生素 C 含量急剧降至不足原来的百分之一。

要自觉保护好野菜生态资源，不要影响可持续发展。不要过度采挖，要采多留少，采大留小。采摘柳絮、构桃或构穗时，不要折损枝条，影响树木生长。

野菜是大自然赐予人类的绿色食品，对于生活在喧嚣都市的人们来说，走向田间山野采挖野菜，不仅能够享受田园风光，呼吸新鲜空气，而且还能锻炼身体、陶冶性情。

走，挖野菜去!

目 录

马齿苋

Portulaca oleracea L.

学名：马齿苋
别名：马齿菜、长寿菜、蚂蚁菜、五行草、五方草等
马齿苋科马齿苋属
一年生草本
繁殖方式：种子
花果期 5-11 月
中医认为：性寒；全草入药，有清热利湿、解毒消肿、消炎、止渴、利尿等功效

茎枝的分枝处簇生 3-5 个花蕾，花朵小而金黄。
上午九点左右开放，高温强光及阴雨天闭合。

马齿苋极易分生枝杈，喜欢贴地生长，只要有充足的地方，马齿苋就能平卧斜仰着生长。

马齿苋的叶片像马齿一样，又厚又光，故名马齿苋。马齿苋的叶片具有极其旺盛的养分制造能力。
马齿苋茎枝向阳面呈暗红色，背阴面则呈淡绿色，两两分枝。

马齿苋的种子像针尖一样非常细小，黑褐色，有光泽，呈卵球形。当种子成熟后蒴果开裂，好多细小的种子散落于地面，只要温湿度合适，这些种子就可以发芽生长。所以马齿苋可以长很多茬。

茎枝为光滑的圆柱形，髓心发达，能够储藏很多水分，光滑紧密的表皮具有很强的保水功能。所以，马齿苋特别耐旱，被称为晒不死草，拔下丢在地上的马齿苋，晒干枯后，一场大雨马上就可以恢复生机。

马齿苋白根、红茎青叶、黄花、黑籽，集五种颜色于一身，所以又叫它五行草、五方草。

马齿苋是很好的肠道清洁剂。将采摘来的整株马齿苋（带根）用开水焯后晒干，每天取一些煮水喝。一天喝两次，一次一碗，可以治疗慢性肠炎。

马齿苋是特别常见的野菜，到处都有，而且容易采挖，三下两下就够一盘菜了。

马齿苋也没有枯枝干叶，择洗非常简单。

马齿苋略带酸味，口感黏滑，很好吃，如果没吃过一定要尝一尝。

用马齿苋可以做很多美味佳肴，最简单的做法是凉拌：把根去掉后洗干净，在沸水中焯至变色，捞出，按自己的口味加调料（如盐、糖、生抽、醋、油等），拌一下就可以了。

马齿苋还可以蒸、炒，或做馅包饺子和包子，加面粉做成菜馍。马齿苋煎饼最受欢迎，蘸蒜泥吃更过瘾。

马齿苋晒成干菜后存放可以长期食用，但切记一定要先用沸水焯一下再晒，要不然你就知道它为什么叫晒不死了。

歌诀

肉肉叶，马齿状，浓浓绿色长势旺。

两叶两枝一簇蕾，顶端好似金簪晃。

茎塌地，表面光，皮色绿紫分阴阳。

发达髓心保水分，一月暴晒仍复长。

小花朵，色金黄，结出黑籽圆又亮。

条件适宜就发芽，茬多量大处处长。

拌炒蒸烙做馅料，微酸黏滑口感爽。

焯后晒干吃常年，对付肠炎效果棒。

学名：藜
别名：野灰菜、灰条菜、灰蓼头草等
藜科藜属
一年生草本
繁殖方式：种子
花果期 5-10 月
中医认为：性平；全草入药，有止痒、治痢疾腹泻等功效

幼苗 春季

嫩茎叶，幼苗 夏季

嫩茎叶，幼苗 秋季

冬季

灰灰菜

Chenopodium album L.

灰灰菜有很多品种，叶片多为灰绿色，有些带有红晕。叶柄长长的，叶子和叶柄的长度基本相同。叶子边缘常有不规则的锯齿。有些叶子像胖乎乎的小可爱，有些则显得瘦长一些。

叶背面常有白色小粉粒，迎着太阳闪闪发亮。

茎杆粗壮,具条棱及绿色或紫红色色条,多分枝,叶腋处有紫红色斑块。

花簇生于枝上部,排列成或大或小圆锥状的花穗。花穗黄绿色或红绿色。

灰灰菜是直着往上长的,条件适宜时,能长成半人多高,像茂盛的小树一样。

种子黑色,扁圆,表面具浅沟纹。

灰灰菜是特别常见的野菜,到处都有,而且常常成片生长,采挖方便。

食用时,先用开水焯一下,再用清水泡一泡。焯水后的嫩茎叶,色泽翠绿,口感柔嫩,有淡淡的清香。蒜泥凉拌、烙菜盒、清炒、做汤都可以。

灰灰菜含有卟啉类光感性物质,过多食用或接触,并经长时间烈日暴晒,会引起光毒性炎症反应,致使皮肤红肿、痒痛。所以,灰灰菜一次不宜食用过多,食后还应避免烈日暴晒。

苋

春季 幼苗
夏季 嫩茎叶，幼苗
秋季 嫩茎叶，幼苗
冬季

菜

Amaranthus tricolor

学名：苋
别名：云苋菜、米谷菜、雁来红、老来少、三色苋等
苋科苋属
一年生草本
繁殖方式：种子
花果期 5-10 月
中医认为：性凉；根、果实及全草入药，有明目、利大小便等功效

苋菜有很多品种，五颜六色，有绿色、红色、紫色、黄色、彩色等，既有食用价值，又有观赏价值。
苋菜叶子的形状也是五花八门的，有阔卵形、倒三角形或细条形等。

苋菜是直着往上长的，茎粗壮，绿色或红色，常分枝。

条件适宜时，苋菜能长成一人多高，像茂盛的小树一样。

种子直径约 1 毫米，近圆形或倒卵形，黑色或黑棕色，有光泽。

苋菜的根是红色的。

花簇腋生或顶生，长成的花穗形状像狗尾巴草。花簇球形，雄花和雌花混生。

苋菜野生与栽培并存，既可以在野外采摘，又能在菜店买到。

苋菜现在已成为常见的栽培蔬菜，所以对吃的方法大家都不陌生，清炒或焯水后加蒜蓉凉拌最常见。

歌诀

绿苋红苋彩色苋，叶片皱缩或平展。
皱叶叶背附绒毛，光叶叶面多蝶斑。
多叶品种壮如树，少叶品种育籽先。
谷粒花蕾黑亮籽，鸡爪花序爪爪尖。
煨汤做馅荤素炒，开水烫后可凉拌。
造血益骨助减肥，膳食纤维铁钙含。
脾虚便溏莫贪嘴，团鱼苋菜莫同伴。

15

铁苋菜

春季 幼苗
夏季 嫩茎叶
秋季 嫩茎叶
冬季

Acalypha australis L.

学名：铁苋菜
别名：海蚌含珠、叶里藏珠、蚌壳草、血见愁、撮斗装珍珠等
大戟科铁苋菜属
一年生草本
繁殖方式：种子
花果期 4-10 月
中医认为：性凉；全草入药，有清热解毒、利湿消积、收敛止血等功效

植株为直立生长形，株形与苋菜有几分相似，只是茎枝比较纤弱，好像铁线绳一般。

叶片相比苋菜也单薄许多，多呈皱缩长卵形，叶面青色，叶背红色，有短柔毛，叶缘圆锯齿状。

雌雄同株异花，雄花序穗状酱红色，腋生或顶生，小花白色。

种子近卵状，种皮平滑。雌花 1-3 朵卧于叶面，果实为蒴果，具有 3 个分果片。青色的胞果如同蚌壳中含着的绿色珍珠一样，所以有了海蚌含珠、叶里藏珠等与珍珠有关的美名。

铁苋菜随处可见，只是知道能吃的人比较少，所以不太引起注意。因其收敛止血功能强，被称为血见愁。采摘铁苋菜，最好在春季四五月份进行，过时叶片不鲜嫩，营养也不丰富了。

鲜嫩叶片焯水后，可凉调、做馅、炒食或蒸食等。口感平淡，不具苋菜的滑腻感。

歌诀

茎杆直立多坚硬，枝杈纤细似铁绳。
雌雄同株不同花，雄花青穗状色酱红。
雌花聚合卧叶面，种子青紫卵圆形，
蛋白物质易吸收，胡萝卜素含量丰，
黄酮酚类维生素，强身健体免疫增。
嫩叶小苗开水烫，凉调拌馅或炒蒸，
收敛止血血见愁，清热利湿解毒灵。

野鸡冠花

Celosia argentea L.

学名：青葙
别名：鸡冠苋、百日红、狗尾草等
苋科青葙属
一年生草本
繁殖方式：种子
花果期 7-10 月
中医认为：性寒；种子入药，有清热明目等功效

野鸡冠花与庭院栽培的鸡冠花为同科同属植物。植株长得很像，但花却大相径庭：鸡冠花名副其实，扁平的花很像大公鸡头上的鸡冠，但野鸡冠花却是徒有虚名，花是毛笔头状，叫狗尾草更形似。

野鸡冠花的植株为直立生长形，多分枝，株高可达 1 米左右，全身无毛。

野鸡冠花喜高温湿润气候，常与夏秋作物伴生。在黄河流域，以玉米生产为主的地方，因除草剂的广泛使用而几乎绝迹。

茎杆具明显条纹。

叶片长卵形，先端较尖。

种子又小又黑又亮，有两道明亮的白色条纹。炒熟后，可替代芝麻加工各种糖果或点心。

幼苗和嫩茎叶可以食用。

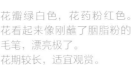

花瓣绿白色，花药粉红色。花看起来像刚蘸了胭脂粉的毛笔，漂亮极了。花期较长，适宜观赏。

焯水浸去苦味后，凉拌、做汤、蒸食、炒食或下汤面条均可，无异味。

学名：麦瓶草

别名：面条棵、香炉草、梅花瓶、麦石榴、瓶罐花等

石竹科蝇子草属

一年生草本

繁殖方式：种子

花果期 4-6 月

中医认为：性凉；全草入药，有治鼻衄、吐血、尿血、肺脓疡和月经不调等功效

幼苗 春季
夏季
秋季
幼苗 冬季

面条菜

Silene conoidea L.

面条菜叶子细长形，像面条一样，所以被称为面条菜。

寒冬时贴着地长，叶子长长短短的，像盛开的菊花。开春后直立生长，株高可达 60 厘米左右，全株有毛茸茸的短腺毛。

茎节明显膨大如竹节状。

种子肾形，灰褐色。

权枝伴生花蕾着生于叶腋间。花朵粉红色，5 片花瓣，子房花瓶状，形色都非常美丽。香炉草等名字都与子房的形状有关。

面条菜口感柔嫩，没有苦味，风味颇佳，堪称最好吃的野菜。

小苗或嫩茎叶均可食用，配熬玉米粥效果上乘，还可凉拌、蒸、炒、做汤面条等。

面条菜曾经是麦田里常见的野菜。由于除草剂的广泛使用，现在的麦田里已不见踪影，在荒地、草坡等处还会偶有发现。

目前常见的多是人工栽培。

歌诀

叶子细长面条形，叶片浓绿对对生。

茎杆直立茎节大，腺毛密白茎身挺。

两叶一枝花蕾伴，子房瓶状花瓣红。

喜肥耐寒耐弱光，常与麦苗共形影。

化学除草易根除，不加保护将绝生。

幼苗熬粥凉拌炒，润肺止咳心肝宁。

荠荠菜

Capsella bursa-pastoris (Linn.) Medic.

学名：荠
别名：荠菜、地菜、菱角菜、枕头草、三角草等
十字花科荠属
一年生或二年生草本
繁殖方式：种子
花果期 3-5 月
中医认为：性微凉：全草入药，有利尿、止血、清热、明目、消积等功效

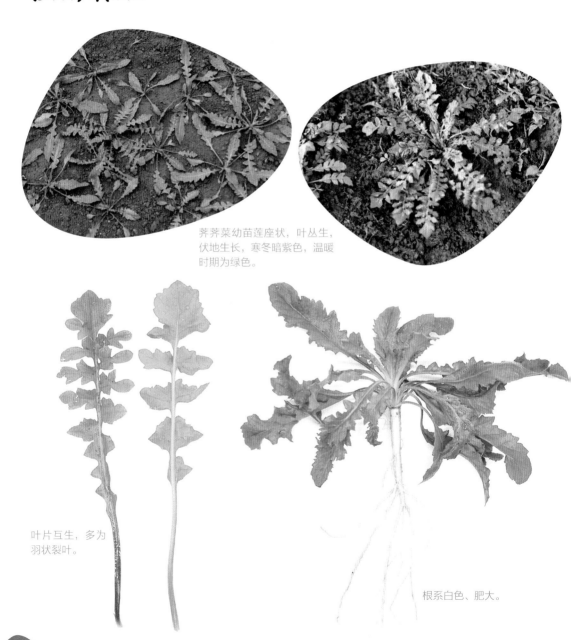

荠荠菜幼苗莲座状，叶丛生，伏地生长，寒冬暗紫色，温暖时期为绿色。

叶片互生，多为羽状裂叶。

根系白色、肥大。

春天抽薹开花，茎生叶变为细长，枝条线绳状，株高 30 厘米左右。小白花，花冠十字形。果实心形，扁平，长果梗。

荠荠菜耐寒性极强。非常奇妙的是，冬季的荠荠菜多为暗紫色，经开水焯后马上就会变为翠绿色。

种子长椭圆形，形如芝麻，黄褐色。

荠荠菜大概是知名度最高的野菜了，一说起野菜，全国各地的人都会提到荠荠菜。

荠荠菜莲座状幼苗及主根均可食用，荠荠菜饺子是最受推崇的。除此之外，凉拌、热炒均可。

歌诀

株形莲座塌地生，
叶片深裂花剑形。
低温叶片多泛紫，
温暖环境即变青。
叶满花茎顶端出，
由上而下叶腋生
小小白花围轴开，
线形花枝质地硬
扁平果实倒三角，
黄褐种子芝麻形。
白色根系集营养，
牢牢抓地抗寒冷。
叶含维Ｃ核黄素，
冬春采食赛丹灵。
拌炒做馅煲汤好，
明目利尿热毒清。

风花菜

春季 幼苗，嫩茎叶
夏季
秋季 幼苗
冬季 幼苗

Rorippa globosa (Turcz.) Hayek

学名：风花菜
别名：球果蔊菜、圆果蔊菜、银条菜、叶香菜等
十字花科蔊菜属
二年生草本
繁殖方式：种子及宿根
花果期 4-6 月
中医认为：性凉；全草入药，有清热利尿、解毒消肿等功效

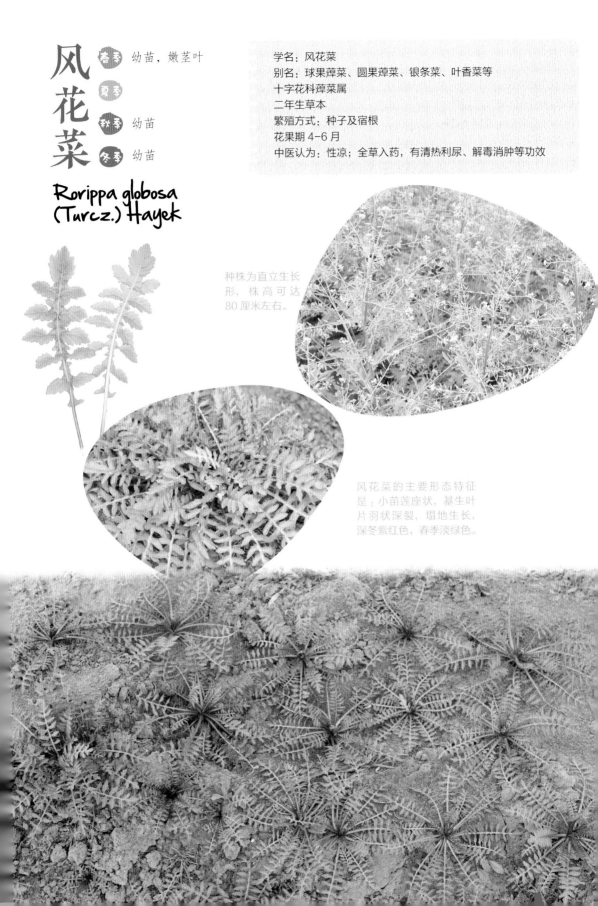

种株为直立生长形，株高可达 80 厘米左右。

风花菜的主要形态特征是：小苗莲座状，基生叶片羽状深裂，塌地生长，深冬紫红色，春季淡绿色。

总状花序，花蕾圆形，呈圆锥状排列。小黄花，十字形。

短棒状角果。

风花菜与荠荠菜的幼苗叶片非常相似。不同的是，风花菜植株粗壮、肥大，花为黄色；荠荠菜植株细弱、瘦小，花为白色。

种子含油较多，可食用。

风花菜在冬、春、秋季均可采挖。

风花菜的口味与荠荠菜相似。荠荠菜比较瘦小，而且枯干的叶片择起来也比较费事，所以想吃一顿荠荠菜饺子并非易事。有了风花菜就简单了，风花菜植株繁茂，主根粗大嫩肥，采挖、择洗都很方便。风花菜极具人工栽培价值。

歌诀

十字花科小花黄，
圆圆花蕾茎顶生。
种荚短粗小角果，
种子黄色扁卵形。
钾钙锶酸维C多，
胡萝卜素含量丰。
幼苗做馅赛荠菜，
主根炒食味纯正。
种子榨油多清香，
油分含量达三成。
清热利尿消肿毒，
归入心肝肺三经。

黄鹌菜

春季 幼苗，嫩薹

夏季

秋季 幼苗，嫩薹

冬季 幼苗

Youngia japonica

学名：黄鹌菜
别名：毛连连、黄花枝香草、野青菜、还阳草等
菊科黄鹌菜属
一年生或二年生草本
繁殖方式：种子
花果期 4-11 月
中医认为：性凉微寒；全草入药，有清热解毒、利尿消肿、止痛等功效

春秋两季均可生长、开花。
黄鹌菜看起来与蒲公英叶片较为相似，但株形比蒲公英高大，分不清时可以拔出来看一下根，黄鹌菜的根是白色的，蒲公英的根颜色很暗，呈棕黑色。

黄鹌菜小苗莲座状塌地生长，基生叶丛生。叶片羽状深裂，低温下叶为紫色，正常情况下为绿色。

茎杆直立，形如菜薹，多单生，
圆柱形，紫红色，直立中空，
基部多茸毛，含白色乳汁。

根系在肥水多的地方较少，在干旱
的地方较多，以便适应干旱条件。

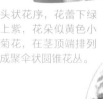

头状花序，花蕾下绿
上紫，花朵似黄色小
菊花，在茎顶端排列
成聚伞状圆锥花丛。

果实为褐色瘦果，纺锤状，有
粗细不匀的纵棱，附白色冠毛。
种子边成熟边脱落，随风传播。
温度适宜即可发芽生长。

黄鹌菜具有很强的适应性，很常见，而且
采挖、择洗都比较方便，所以是可以经常出现
在餐桌上的美味。

幼苗、嫩茎叶和花蕾都可食用。

黄鹌菜具有淡淡的清香，口感不错，热炒、
凉拌、做汤、做馅或腌制泡菜都可以。

歌诀

幼苗塌地莲座生，
叶片羽裂似琴形，
低温气候叶泛紫，
干旱环境根茂盛，
花茎单直色紫红，
白毛密密茎基挺，
花蕾簇簇顶色重，
花瓣重重金色领，
瘦果黄褐纺锤形，
冠毛携种随风行，
脂肪蛋白含量高，
膳食纤维自充盈，
苗叶蕾蕾均能吃，
泡制拌馅或炒蒸，
清热解毒又利尿，
消肿止痛功效灵。

芝麻菜

春季 幼苗，嫩茎叶，嫩薹
夏季
秋季 幼苗
冬季 幼苗

Eruca sativa Mill.

学名：芝麻菜
别名：香油罐、臭菜、臭条花、臭芥、芸芥、火箭生菜等
十字花科芝麻菜属
一年生草本
繁殖方式：种子
花果期 4-6 月
中医认为：性寒；全草入药，有清热止血、清肝明目、下气行水、祛痰定喘等功效

　　听到或是看到芝麻菜这个名字，可能不少人马上就会想到地里种植的芝麻。其实，它与芝麻没有任何亲缘关系，并且，形态特征也没有相似之处，得此名是因为叶子揉搓后有浓浓的芝麻香气。芝麻菜的花略有臭味，所以它有很多与臭相关的别名。

芝麻菜的小苗呈莲座状，基生叶溜地或斜上生长。

叶片翠绿色，为大头羽状深裂或浅裂。正面光滑无毛，背面及叶脉上疏生柔毛。

茎直立，圆柱形，有疏生刚毛，通常上部分枝。株高可达 50 厘米左右。

花序总状，疏生于枝顶。花瓣黄色，十字形，最典型的特征是花瓣的脉纹为紫褐色、如蝉翼一般。

果实为长角果。

根系发达，入土深层。

种子近球形或卵形，黄褐色，有棱角。

歌诀

莲座幼苗叶琴形，太行王屋山地生。
总状花序蕾顶红，十字花黄脉紫青。
果实尖尖小荚角，种子褐黄扁球形。
刺毛密布臭味游，白根深扎泥土中。
熬粥炒蛋色拉拌，消炎健胃膀胱清。

芝麻菜春秋冬三季都可生长。

小苗、柔嫩的茎叶及菜薹、花蕾等均可食用，是西餐里高档的特色食材。可凉拌、蘸酱生食，也可煮汤、与荤素食材搭配炒食等。味微苦，具有很浓的芝麻香味，色泽悦目，清香味美，口感滑嫩。

芝麻菜的种子可以做成味道辛辣的芥末味的调料。

米米蒿

春季 嫩茎叶，幼苗
夏季
秋季
冬季 幼苗

Descurainia sophia

学名：播娘蒿
别名：大蒜芥、麦里蒿、葶苈子、野芥菜等
十字花科播娘蒿属
一年或二年生草本
繁殖方式：种子繁殖
花期 4-5 月，果期 5-6 月
中医认为：性微温；种子入药，为葶苈子的一种，有清肺定喘、祛痰止咳、利尿消肿等功效

幼苗呈莲座状，春天返青后逐渐抽生枝条。

米米蒿的叶片比较秀气，看起来与胡萝卜叶有些相似。

植株为直立生长型，株高可达 80 厘米左右，全株呈黄绿色，茎上部有分枝。茎枝有纵棱槽，密生短柔毛。

总状花序。小花十字形，花瓣淡黄色，长卵形。

种子姜黄色，扁卵形，含油量高达40%。油可食用、药用和工业用。

果实为长角果。

　　米米蒿是一种常见的田间蒿草，常生长于麦田，所以被称为麦里蒿，耐寒性较强。

　　米米蒿有苦味，可将小苗和嫩茎叶焯水后，用凉水浸泡除去苦味。

　　米米蒿可以凉拌、热炒、做馅包饺子包子等。有芥末般的清香味道。

歌诀

复叶互生长，羽状碎裂形。
茎枝叶背毛，茎杆直立生。
花黄十字状，密集着茎顶。
果实长线角，种子扁卵形。
做馅凉拌炒，味似芥末青。
种榨食用油，含量达四成。
种子葶苈子，药到肺火清。

刺脚菜

春季 幼苗

夏季 幼苗，嫩茎叶

秋季 幼苗，嫩茎叶

冬季

Cirsium setosum (Willd.) M.B.

学名：刺儿菜
别名：刺儿草、野红花、大刺儿菜、小蓟、刺菜、姜姜芽等
菊科蓟属
多年生草本
繁殖方法：虽为宿根植物，但以种子传播繁殖为主
花果期 5-10 月
中医认为：性凉；全草入药，有凉血止血、祛瘀消肿、清热除烦等功效

植株为直立生长形，株高可达 30-80 厘米。

主根垂直生长，白色。

幼苗莲座状，易簇生

叶片厚，叶面光滑，质地坚硬，长椭圆形，正面绿色，背面灰绿色，通常无叶柄，或有很短的叶柄。叶缘波浪状，有细密坚硬的白刺。

茎直立，呈圆柱状，多为紫色。上部或有卡脖生长的球状虫瘿疙瘩。

头状花序，顶生。花苞钟状，覆瓦状排列，苞片黄绿色，花冠细丝状，紫红色或淡粉色。

果实为瘦果，淡黄色，椭圆形或长卵形。羽状冠毛。

刺脚菜是一种常见的野菜。在野外皮肤擦破了，人们喜欢揪一些刺脚菜叶，揉搓出汁液后，摁在伤口处，起到止血的效果。

鲜嫩茎叶可以用开水焯后凉拌、炒食、熬小米粥等。刺脚菜味道清爽，有苦味，可以焯水后浸泡，减轻苦味。

刺脚菜煮水喝，可以治疗牙龈出血。

歌诀

叶子互生长卵形，叶缘白刺直棱棱。
叶片厚厚两面光，主脉明显质地硬。
茎杆多为紫红色，虫瘿时常卡脖生。
圆圆花蕾紫花球，长长主根白生生。
富含碱性入心肝，炒食熬粥补体能。
根茎叶片虫疙瘩，止血凉血祛瘀肿。

蒲公英

Taraxacum mongolicum Hand.-Mazz.

别名：黄花地丁、婆婆丁、灯笼草、黄花苗等
菊科蒲公英属
多年生草本
繁殖方式：宿根及种子
花果期 4-10 月
中医认为：性寒；全草入药，有清热解毒、消肿散结等功效

植株为伏地状莲座生长形。

叶片多为大头羽状裂叶。叶柄及主脉常带红紫色，并附有白色柔毛。

花葶一至数个，直立或弯曲生长，圆柱状中空，上部紫红色，密生蛛丝状白色长柔毛，体内含白色汁液。

蒲公英的根比较粗壮，呈圆柱状，颜色很深，棕黄或黑褐色。

总状花序。花瓣淡黄色，长卵形。花苞像灯笼，所以又叫灯笼草；菊形黄花，所以又叫黄花地丁、黄花苗。

种子干瘪瘦长，暗褐色，附白色冠毛，结集成团，状如白色绒球，极易随风传播。只要条件适宜即可随时萌发生长。

蒲公英可以直接做菜吃，或晒干泡水喝，但胃寒的人不要喝。

西双版纳的老百姓喜欢用蒲公英根炖鸡翅或猪蹄。蒲公英炖老母鸡是民间的催乳妙方。

嫩茎叶和鲜嫩的花葶及花均可食用，可以凉拌、炒、蒸、做馅、熬粥、煲汤等。略带苦味，可以用水焯一下，减轻或去除苦味。

用新鲜蒲公英捣碎敷于红肿处有消炎作用。

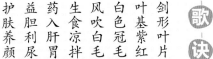

歌诀

剑形叶片莲座长，
单长花葶花朵黄。
叶基紫红根黑褐，
白色冠毛集绒球，
蓬松绒球瘦种装。
风吹白毛处处飘，
温暖环境即生长。
生食凉拌做茶饮，
蒸炒做馅炖熬汤。
药入肝胃补中气，
清热解毒癌肿防。
益胆利尿缓腹泻，
消炎安胎催乳旺。
护肤养颜抗早衰，
脾胃虚寒应设防。

蒲公英辨识秘诀

蒲公英一花一葶，这是它一个比较显著的特征。
蒲公英的根颜色很深，棕黄或黑褐色，这是它的另一个特征。

蒲公英与曲曲菜、苦菜的小苗样子很像，并且掰断茎后断面都有白色汁液，都开小黄花，所以容易分不清。
长大后比较容易辨识：只有蒲公英是伏地生长的，不往上长，所以长不高；曲曲菜、苦菜是抱茎往上长的。
曲曲菜和苦菜长大后形状差不多，但茎不一样：苦菜的茎是中空的，曲曲菜的茎是实的。

但如何区分小苗呢？这里告诉你一个绝招，看根部：蒲公英的根颜色很深，黑黑的；曲曲菜和苦菜的根颜色都很浅，白色或黄白色；曲曲菜的地下根状茎是匍匐生长的，比较细弱，而苦菜的根是垂直生长的，呈粗壮的纺锤状。所以，分不清时，拔出来看看地下的部分就行了。

蒲公英

曲曲菜

苦菜

曲曲菜

Sonchus arvensis L.

学名：苣荬菜
别名：苦苣菜、野苦菜、苦荬菜等
菊科苦苣菜属
多年生草本
繁殖方式：地下根状茎及种子
花果期 9~11 月
中医认为：性寒；有清热解毒、补虚止咳、凉血利湿、消肿排脓、祛瘀止痛等功效

叶片绿色常泛紫红色，多为狭长形，有不规则的缺刻，边缘尖齿状。苗期的基生叶有短柄，抽茎生长后的茎生叶无柄，且抱茎生长。

植株为直立生长形，株高可达 80 厘米左右。幼苗簇生。

地下根状茎匍匐生长，白色或黄白色，能不断地分生出幼小植株。

地上茎直立生长，内含丰富的白色汁液。

头状花序。花色鲜黄，形似菊花。

种子小而瘦长，棕褐色，先端有多层白色细软冠毛。

小苗和鲜嫩茎叶可食用，可生食、凉拌、熬粥、做汤、炒食、蒸食、做馅、加工酸菜或做茶饮等。苦中有甜，甜中含香。焯水后挤攥，再用凉水浸泡，可减轻苦味。

曲曲菜是人们最常采食的野菜之一，也是最常见的田间杂草，河南豫北一带，老百姓还称曲曲菜为苦菜。内蒙古河套地区，有的菜农利用温室种植曲曲菜进行销售，效益颇丰。

采挖曲曲菜最好的时机是早春三月。此时，小苗叶片鲜嫩，营养含量、特别是维生素 C 的含量很高。不过，其他季节的小苗和鲜嫩茎叶都能采食。

随着温度的逐渐升高，曲曲菜茎枝上的蚜虫也会越来越多。曲曲菜是蚜虫非常喜欢的取食材料，所以其相邻的植物可以因此而避免或减轻受到蚜虫的侵袭。

歌诀

曲曲菜叶苦味浓，叶缘缺刻分品种。
灰绿叶片常泛紫，细小维管白汁浓。
小黄花开似菊形，羽状种子随风行。
根穿芽儿籽生苗，贫瘠土壤簇簇生。
蚜虫取食好材料，相伴植物得从容。
绿色蔬菜为钾王，春季嫩苗维○浓。
归心脾胃大肠经，明目凉血防癌肿。

41

苦菜

 春季 幼苗，嫩茎叶

 夏季 幼苗

 秋季 幼苗，嫩茎叶

冬季 幼苗

Sonchus oleraceus L.

学名：苦苣菜
别名：苦荬菜、滇苦菜、野芥子、拒马菜
菊科苦苣菜属
一年生或二年生草本
繁殖方式：种子及宿根分株
花果期 3-11 月
中医认为：性寒；全草入药，有祛湿、清热解毒等功效

幼苗呈莲座状或团棵状，叶片羽状深裂，青绿色或略带紫红色，主脉常泛紫红色。

植株为直立生长形，株高可达 40-150 厘米。

植株茂密、肥嫩，塌地或斜上生长。抽茎生长后，叶片抱茎生长，叶缘有大小不等的尖状锯齿。

果实为瘦果，褐色，冠毛白色，彼此纠缠。种子可随风飘移传播。

头状花序，花朵菊花形圆盘状，亮黄色。

茎直立，粗壮，青色或暗紫色，中空，有纵棱或条纹，上部有花序分枝。全部茎枝光滑无毛，含白色汁液。

根为纺锤形，白色或黄白色，垂直生长，有多数须根。

苦菜是老百姓经常采食的野菜。苦菜非常喜欢凉爽气候，每逢早春、晚秋时节，植株肥大壮实，味道微苦，清爽滑润。苦菜适宜驯化栽培。河南沁阳老百姓把它作为商品，在市场上出售。苦菜秋天长得比春天还鲜嫩，秋季维生素C、胡萝卜素含量比春、夏季高。

嫩茎叶可生食、泡水、做汤或凉拌、热炒。焯水后用清水浸泡，可减轻苦味。

歌诀

幼苗壮实莲座形，
叶生叶片半抱茎，
叶片肥大深缺刻，
茎有纹络竖条形，
五棱茎杆茎中空，
白色汁液苦味浓，
高大植株多分枝，
圆锥主根垂直生，
小黄花开似菊形，
羽状种子随风行，
泡水做馅凉拌炒，
营养丰富肝火清。

学名：茵陈蒿
别名：茵陈、小白蒿、细叶青蒿、家茵陈、绒蒿、臭蒿
菊科蒿属
一二年生或多年生半灌木状草本
繁殖方式：宿根及种子
花果期 7-10 月
中医认为：性微寒；嫩苗与幼叶入药，有清热利湿、利胆退黄
等功效

幼苗 春季 夏季

幼苗 秋季 冬季

茵陈

Artemisia capillaris

茵陈长大后是一种蒿草，其幼苗为传统的中草药，也是老百姓最常采食的野菜之一。

冬季茵陈地上部分枯死，春季来临时其宿生的"陈根"萌发新苗，因此称为"茵陈"。有的晚秋即可生出小苗，可采食。

茵陈为直立生长形，呈半灌木状，株高可达 100 厘米左右。根茎约 1 厘米粗细，多年生苗根系黄褐色，木质化。

幼苗莲座状或卷曲成团，基生叶密集。

叶片为 2-3 回
羽状裂叶或掌
状裂叶，叶柄
细长。全身密
生绢质白色柔
毛，呈灰绿色。

一年生苗主根粗壮，须根白
色繁茂。

茎直立，由绿色逐渐变为红褐
色或褐色，有不明显的纵棱，
上部多分枝。

幼苗随着温度的升高而由灰色渐变成绿色，叶形
也逐渐由掌状变成针毛状。

随着植株的进一步生长即变成了蒿
草。在中原地区，有"正月茵陈二月
蒿，三月拔起当柴烧"的说法。

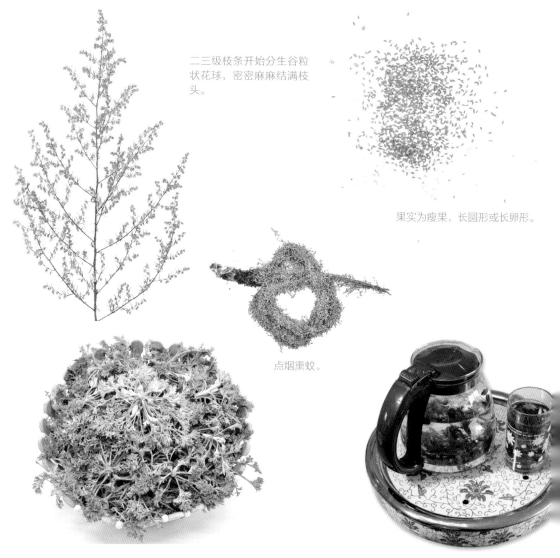

二三级枝条开始分生谷粒状花球，密密麻麻结满枝头。

果实为瘦果，长圆形或长卵形。

点烟熏蚊。

茵陈有特异香气，既可入药，也可泡茶或做蒸菜吃。茵陈蒸菜筋道舒爽，口感绵软，非常好吃。

传统农业有将正值旺盛期的蒿草在盛夏沤制成有机肥的习惯。民间有将成株蒿草拧成绳点烟熏蚊的传统。

歌诀

常见沙滩或山坡，老根种子齐生苗

叶缘深裂柄纤细，气味浓烈含水少

早春灰白即蒿草，蒸菜泡茶或入药

叶色变绿即蒿草，枝干抽生叶针毛

二三分枝出花蕾，密密麻麻米粒小

盛夏沤制有机肥，成株拧绳熏蚊跑

药入脾胃肝胆经，降脂抗菌把炎消

清热利湿肝胆经，利胆护肝效果好

大白蒿

春季
夏季
秋季
冬季

幼苗

Artemisia sieversiana
Ehrhart ex Willd.

学名：大籽蒿
别名：白艾蒿、大头蒿、苦蒿、山艾等
菊科蒿属
二年生或多年生草本
繁殖方式：宿根及种子
花果期 7-10 月
中医认为：性凉；全草入药，有消炎、清热、止血等功效

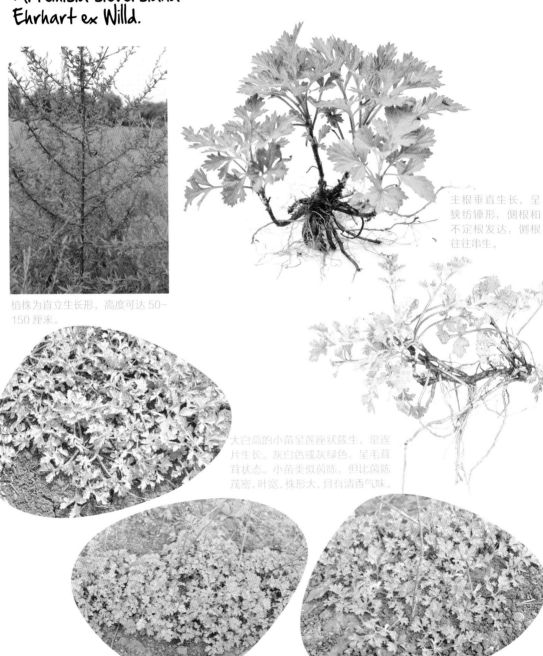

主根垂直生长，呈狭纺锤形，侧根和不定根发达，侧根往往串生。

植株为直立生长形，高度可达 50-150 厘米。

大白蒿的小苗呈莲座状簇生，常连片生长。灰白色或灰绿色，呈毛茸茸状态。小苗类似茵陈，但比茵陈茂密、叶宽、株形大，具有清香气味。

茎杆直立，纵棱明显，分枝多，斜向上生长。

单叶互生，两面密生微柔毛。下部与中部为二至三回羽状裂叶，叶柄细长，有沟槽，青紫色。茎上叶片逐渐变细，无叶柄。

花杂性，头状花序，呈土紫色或黄绿色，长满枝头。

果实为小瘦果，长圆形，具纵纹，黄褐色。

冬季地上部分枯死。

由于茵陈越来越少，一些喜欢采挖野菜的人，往往把大白蒿作为茵陈的替代品，用来做蒸菜。

小苗可食用。可以做包子、饺子馅，还可以掺在玉米面中蒸窝窝头，或者像茵陈一样做蒸菜等。清香浓郁，别有风味。

采挖大白蒿，一般在清明节前后。此时，幼苗茂盛，幼嫩鲜美，营养丰富。

歌诀

小苗簇簇连片长，直立草本二年生。

叶柄紫长深沟槽，叶背白色叶面青。

叶片由阔变细小，茎杆由光渐纵棱。

花序头状满枝爬，根芽壮串串生。

蒸菜做馅似茵陈，解毒益气体力增。

药效归经肺与胃，凉血止血湿热清。

艾

春季 幼苗
夏季 嫩叶
秋季 嫩叶
冬季

Artemisia argyi Levl. et Van.

学名：艾
别名：艾蒿、医草、灸草、艾叶、陈艾、香艾等
菊科蒿属
多年生草本
繁殖方式：以宿根为主
花果期 7-10 月
中医认为：性温；全草入药，有温经、祛湿、散寒、止血、消炎、平喘、止咳、安胎、抗过敏等功效

艾在生活中并不陌生：端午节家家门前会挂上艾草，艾灸中用到的就是艾。

有野生艾也有栽培艾。

艾的幼苗与大白蒿幼苗很相似，色泽灰白或灰绿，往往成片生长，伏地如团状或连座状，呈毛茸茸状态。植株为直立生长形，可高达 100 厘米左右。

叶片为羽状裂叶，基生叶片有长柄，柄为紫红色。茎生叶叶柄较短。叶的正面为绿色，叶子背为灰色，色差非常明显。全株叶形多变。

艾主根发达，侧根旺盛。地下根茎分枝多，呈串生状。

火鞭形的穗状花序在分枝顶端整齐排列。花杂性，紫黄色。

瘦果长卵形。

在中药中，艾是"止血要药"，又是妇科常用药之一，对治疗虚寒性的妇科疾患尤佳，又可治疗老年慢性支气管炎与哮喘，煮水洗浴可以用来防治产褥期母婴感染疾病，或制药枕头、药背心，防治老年慢性支气管炎或哮喘及虚寒胃痛等。此外，用艾泡脚可以疏通经络，加快新陈代谢，有火降火，有寒驱寒。

艾可以当作天然植物染料使用。艾叶晒干捣碎而成的"艾绒"，可用于制艾条供艾灸用，也是制作"印泥"的原料。

此外，艾可薰烟消毒、杀虫，或制作杀虫的农药等。

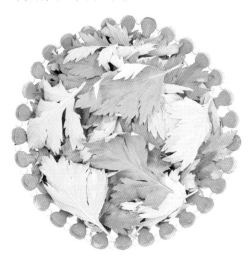

幼苗和嫩茎叶可食用。可以做药膳、炖鸡鸭鱼、炸丸子或蒸糕团，还可以泡茶、炖汤、煮粥等，有淡淡的清香味。

在河南博爱县，民间有用干艾叶做油炸丸子，治疗小儿咳嗽的传统。

歌诀

花花叶片缘齿尖，正绿背灰色差显
花蕾有序似炮仗，小花紫黄开枝端
幼苗可炖鸡鸭鱼，叶子炸丸蒸糕团
调经止血能安胎，止咳利胆又护肝
泡脚艾灸装枕头，镇静除湿又散寒
平喘抗菌还消炎，端午辟邪代代传
制作印泥好材料，植物染料纯天然

野韭菜

叶 春季
叶、花、薹 夏季
叶 秋季
冬季

Allium ramosum

中文学名：野韭
别名：山韭菜、宽叶韭、岩葱、起阳草等
百合科葱属
一年生草本
繁殖方式：种子及宿根
花果期 6-9 月
中医认为：性温；有温中行气、散血解毒、补肾益阳、健胃提神、
调整脏腑、理气降逆、暖胃除湿等功效

野韭菜，顾名思义就是野生的韭菜。与栽培韭菜的形态基本相同，辛辣味道更加浓郁。
野韭菜的吃法与栽培韭菜一样，凉拌、腌制、炒食、做汤、调馅等。
经常食用野韭菜，对肾虚遗精、阳痿早泄者大有益处，所以，野韭菜被称为起阳草。

歌诀

茎基紫红色，叶脉似瓦棱。
三棱花葶柱，圆球花序呈。
花冠白或紫，花瓣六角星。
蒴果三纵沟，种子黑扁棱。
一房分三室，内有几粒种。
味道辛辣浓，营养几倍生。
凉拌配炒腌，做馅又烙饼。
散瘀也除湿，止痒又祛风。
养血强筋骨，健脾气力增。

野小蒜

春季 幼苗
夏季 嫩叶，小蒜
秋季 嫩叶，小蒜
冬季 小蒜

Allium macrostemon

中文学名：薤白
别名：野蒜、小根蒜、山蒜、团葱
百合科葱属
多年生草本
繁殖方式：鳞茎及天蒜
花果期 5-7 月
中医认为：性温；鳞茎可药用，药名薤白，有温中祛湿、散结宽胸、通阳抗菌、消炎健胃等功效

野小蒜的叶子与葱叶一样是中空的，但呈三棱状，具有沟槽，不像葱叶子那样圆圆的，颜色也不像葱叶那样绿油油的，而是像蒜叶一样发白。

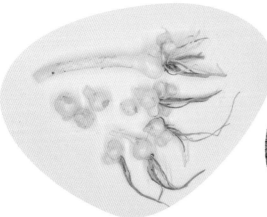

从土里拔出来，下面的地下根茎部分像蒜头，不过是微型的，约有指头肚大小，为一个小独蒜，不分蒜瓣。旁侧常附着几个小鳞茎。

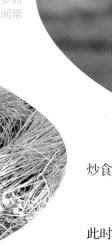

野小蒜虽说无茎，但在叶簇中间抽生单一的直立花葶，花葶呈圆柱状，平滑无毛。

伞形花序，近球形，生长在花葶顶端，小花多而密集。花梗细长，花淡紫红色或淡紫色，花间常伴生小球状的暗紫色天蒜，也叫珠芽。

全株均可食用。可以腌制、凉拌、炒食、做馅等，炒鸡蛋特别好吃。

野小蒜的味道与葱更接近。

采挖野小蒜一般在四五月或八九月，此时，植株幼嫩，野味浓郁。

薄荷

Mentha haplocalyx Briq.

中文学名：薄荷
别名：土薄荷、银丹草、夜息香、见肿消、水益母、接骨草等
唇形科薄荷属
多年生草本
繁殖方式：种子及宿根
花果期 7-10 月
中医认为：性凉；全草入药，有疏散风热、清利头目等功效

薄荷有野生的也有栽培的，种类很多。

采摘薄荷时，最好只摘去叶片和茎尖，这样，过一段时间薄荷又长起来了，可以接着摘。

刚钻出地面的薄荷像花朵，枝叶呈暗紫深绿色，叶片近圆形。

植株为直立生长形，株高可达 30-60 厘米，茎、叶、花揉搓后具有特殊的清凉芳香气味。

随着生长，叶子渐渐变长，颜色渐渐变绿。叶子对生，边缘呈锯齿状，有短柄和茸毛。
茎杆四棱形，具有沟槽和茸毛，呈紫棕色或淡绿色，对对分枝。

茎下部数节具有许多气生根，还有匍匐的根状茎。因此，薄荷极易扦插成活，而且成片生长。

轮伞花序，腋生，轮廓呈球形。小花唇形，呈淡紫色或白色。

果实为小坚果，卵珠形，黄褐色。

薄荷不仅可以食用，还是一种常用的中草药，又是一种具有特种经济价值的芳香植物，可以制作风油精、清凉油，做烟草矫味剂，制作薄荷糖、薄荷牙膏、薄荷香水等。

幼嫩茎叶可以凉拌、蒸食、烙饼、炒食、泡茶、熬粥、炖汤等。用薄荷烹制的菜肴，清凉爽口，别有风味。以薄荷代茶饮，清心明目，口感凉爽。

歌诀

嫩苗叶圆色紫青，成株亮绿叶对生。

簇生小花叶腋开，气生根多茎四棱。

解暑利咽又清爽，脾胃虚寒莫多用。

适于凉拌或茶饮，可蒸可炒能烙饼。

烟草矫味离不了，日化产品加香用。

十香菜

春季　嫩茎叶
夏季　嫩茎叶
秋季　嫩茎叶
冬季

Mentha spicata Linn.

学名：留兰香
别名：绿薄荷、香薄荷、青薄荷、鱼香菜、假薄荷等
唇形科薄荷属
多年生草本
繁殖方式：多以根系繁殖
花果期 7-10 月
中医认为：性温；全草入药，有健脾消食、利尿通便等功效

植株为直立生长形，株高可达 40-130 厘米，全株具有浓郁的芳香清爽气味。

十香菜小苗出土时间明显晚于薄荷，秋季比薄荷繁茂。叶片对生，长椭圆形，深绿色，叶面泡皱，叶缘呈不规则锯齿状。叶柄极短或无叶柄。

茎直立，四棱形，对对分枝。茎基紫红色，气生根发达。

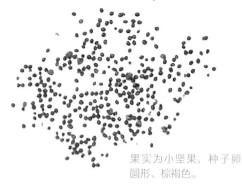

果实为小坚果，种子卵
圆形、棕褐色。

穗状轮伞花序，生于茎枝顶端，鸡爪状分枝。
花萼钟形，花冠淡红色，花药粉红色

　　鲜嫩茎叶可凉拌生食或者制成十香菜蒜泥，用以调拌各种荤素凉菜。用作馅泥配料，还能去腥，使馅泥肥而不腻，味道鲜美。十香菜凉拌杏仁和凉拌核桃仁是餐桌上大受欢迎的凉菜。

　　十香菜入口时微苦，咀嚼后甘香。既有荆芥之麻爽，又有薄荷之清凉，芳香醇浓，独具特色。

　　十香菜还有一个特点，就是具有避免蚊虫叮咬之功能。如果遇到蚊虫叮咬时，采摘几片十香菜叶，揉搓后擦抹蚊虫叮咬处，很快就能消肿止痒。

　　从十香菜中还能提取留兰香油或绿薄荷油，用于糖果、牙膏香料等。

　　十香菜再生能力强，采摘时可只摘叶片和茎尖，不要连根拔掉，这样可使其持续生长。

　　十香菜在我国许多省份有分布，人们往往喜欢将它栽培于庭院或花盆中。

　　十香菜生命力很强。

十香菜与薄荷的区分

十香菜与薄荷亲缘关系很近，同属于唇形科薄荷属多年生草本植物。两者很像，很容易搞混。十香菜的叶面泡皱，比薄荷厚、圆；十香菜花开顶端，薄荷是花开叶腋处。

歌诀

叶色浓绿形椭圆，叶面泡皱叶脉显
叶子双双十字长，叶芽对对叶腋含
茎秆方棱多分枝，根系相连一串串
穗状花序茎尖出，轮聚小花开顶端
搭配蒜茸好调料，凉拌做馅除腥膻
性温味辛入肝肺，健脾消食通尿便
清凉麻爽味略苦，擦抹虫患肿痒敛

藿香

 春季 嫩叶

夏季 嫩叶

秋季 嫩叶，嫩花序

冬季

Agastache rugosa
(Fisch. et Mey.) O. Ktze.

学名：藿香
别名：土藿香、野藿香、山茴香、合香、苍告、排香草等
唇形科藿香属
多年生宿根草本
繁殖方式：种子及宿根
花果期 6-11 月
中医认为：性微温；全草入药，有止呕吐、治霍乱腹痛、驱逐肠胃充气、清暑等功效

植株直立生长，株高可达 50-150 厘米。

茎杆四棱形，略带红色，对对分枝。

叶片对生，阔卵形，先端为尖尾状。叶面绿色皱泡，叶背附灰紫色茸毛，叶缘有粗钝齿。叶柄细长。

根系比较耐寒，在北方能越冬，次年返青发芽生长新藿香。幼苗簇生，长势健壮。

入夏后，在茎枝顶端形成密集型穗状轮伞花序。小花唇形，花萼筒状，花冠淡紫蓝色。

种子褐黄，长椭圆形。

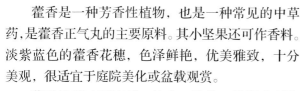

　　藿香是一种芳香性植物，也是一种常见的中草药，是藿香正气丸的主要原料。其小坚果还可作香料。淡紫蓝色的藿香花穗，色泽鲜艳，优美雅致，十分美观，很适宜于庭院美化或盆栽观赏。

　　藿香嫩茎叶可凉拌、炒食、油炸、熬粥或制作蒜泥，亦可作为烹饪佐料或食材。其味道比较浓重，有点像大茴香，有些人吃不惯。

　　采摘藿香时，要挑选长成的嫩叶采摘，并且，不可掐取茎尖。藿香可以持续采摘，但以春季鲜嫩叶片为最佳。

歌诀

根系褐黄株强健，

叶缘圆齿叶阔卵。

叶背灰紫茸毛多，

叶面绿色泡皱显。

对对叶片对对枝，

茎杆四棱凹槽现。

密集小花集花柱，

褐黄小籽长椭圆。

茎叶芳香花优美，

常做油料或景观。

嫩叶凉拌荤素炒，

鲜花熬粥味道鲜。

藿香蒜泥拌面条，

阴虚湿热须躲闪。

归入脾胃和肺经，

和胃理气暑热免。

紫苏

春季 幼苗
夏季 嫩茎叶
秋季 嫩茎叶
冬季

Perilla frutescens (L.) Britt.

学名：紫苏
别名：白苏、赤苏、白紫苏、青苏、香苏、红紫苏、皱紫苏等
唇形科紫苏属
一年生草本
繁殖方式：种子
花果期 8-12 月
中医认为：性温；茎叶及子实入药，有镇痛、镇静、解毒、镇咳、祛痰、平喘、平气安胎等功效

植株为直立生长形，株高可达一人多高，分枝多，野性强。

紫苏的茎枝为钝四棱形，有沟槽，密生细柔毛。

紫苏叶片对对生长，为卵形或阔卵形，顶端急尖。叶面有皱泡并伴生柔毛，叶缘有撕裂状锯齿。颜色有三种类型：两面全为紫色；正面为绿色背面为紫色；两面全为绿色。

轮伞花序，顶生或腋生。花朵像编钟一样在四棱形穗状花序上依次排列。

种子似金龟子。

果实为小坚果，近球形。种子形似金龟子，四个为一组。

秋季开花结实，霜降后自然枯死。

紫苏是一种具有特异芳香味的草本植物，也是一种中草药。在东南沿海一带作为产业栽培，并出口国外。

嫩茎叶可生食、凉拌、做汤、熬粥或腌渍等。常常用作鱼蟹、肉类等菜肴的烹制配料，用以除去腥膻及提升菜肴香味。

紫色的味最浓。正反面都是绿色的味最淡，韩式烧烤中可以用来包裹烤肉。

歌诀

植株直立生，长势多野性。

茎叶附绒毛，叶片阔卵形。

绿叶多平展，紫叶半反形。

叶片对对长，茎杆为四棱。

花序四编钟，秋来叶腋生。

种似金龟子，四位一室中。

生拌腌熬粥，药归脾肺经。

气虚温病忌，理气益汗生。

扫帚苗

春季 幼苗
夏季 嫩茎叶
秋季 嫩茎叶
冬季

Kochia scoparia (L.)
Schrad.

学名：地肤
别名：扫帚菜、铁扫帚、独帚等
藜科地肤属
一年生草本
繁殖方式：种子
花果期6-10
中医认为：性寒；有利小便、清湿热等功效

植株为直立生长形，株高可达1米左右。茎直立，多分枝，紧密抱头生长。全株呈蓬松状、卵状圆形或倒卵形，秋季常变为红色。

茎枝圆柱状，淡绿色或带紫红色，具有多条竖棱，生有短柔毛或近乎无毛。

根略呈纺锤形。

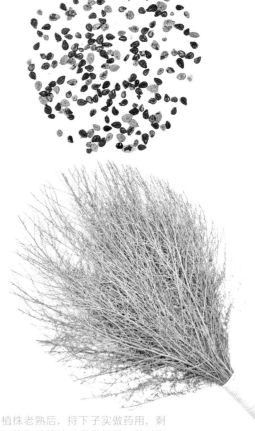

果实为胞果，扁球形，果皮膜质，与种子离生。种子扁卵形，黑褐色，稍有光泽。

小花黄绿色或紫红色。花被近球形，如同开裂的谷粒一般。花两性或雌性，单生或2-3朵并生于叶腋，在茎枝上稀疏排列成穗状圆锥花序。

嫩茎叶可凉拌、炒食、蒸食、摊饼、做汤或做馅等。扫帚苗味道清淡，微涩，一般人均可食用。

嫩茎叶、果实和种子均可入药。种子称为地肤子，嫩茎叶为地肤苗。

植株老熟后，捋下子实做药用，剩下的干枯植株可以做扫帚，所以它才有了很多与扫帚有关的名字。

歌诀

叶子互生无叶柄，叶片细窄面条形，
青青小苗即分枝，渐长渐分近球形，
幼枝常有白绒毛，茎尖秋季巧变性，
叶腋双生谷粒蕾，蕾叶细小护籽生，
扁圆小蕾顶端凹，黑褐种子尖卵形，
根系吸铅改土壤，浊土生长莫食用，
幼苗做馅蒸凉拌，利尿通淋湿热停，
通红老株好景观，农用扫帚曾时兴。

猪毛菜

春季 夏季 秋季 冬季 幼苗

Salsola collina Pall.

学名：猪毛菜
别名：猪毛缨、扎蓬棵、刺蓬、叉明棵、猴子毛、钻轳娃子等
藜科猪毛菜属
一年生草本
繁殖方式：种子
花果期 7-10 月
中医认为：性凉；全草入药，有清热平肝、降低血压、润肠通便等功效

猪毛菜的适应性和再生性很强，耐旱、耐碱，常成群丛生。
植株为直立生长形，株高可达 20-100 厘米，好似小灌木一般。
分枝较多，茎枝蓬松。

幼苗绿色或黄绿色，鲜嫩多汁。小苗从基部即分生枝条，好似针叶松苗一样。

茎直立，枝条互生，伸展生长。茎枝绿色，上面有白色、紫红色条纹或条斑，或有短硬毛，分枝处有红斑。叶子互生为针叶，纤细如猪毛一般（所以叫作猪毛菜），往往呈微弯曲状，上面生有短硬毛，顶端有刺状尖，开花结果后变宽变短。

花序穗状，生长在枝条上部，由营养茎枝渐渐变性为生殖生长枝。好像一根布满锯齿的线形锯条一样。

猪毛菜的种子。

猪毛菜中硒的含量很高。

鲜嫩茎叶可以凉拌、做馅、蒸糕、做茶饮等。

以蒜泥凉拌最具特色，色泽翠绿，清爽利口，有淡淡的青草气息。凉拌时，先焯一下水，但焯水时间不要太长。

春季幼嫩时期的猪毛菜做菜效果最佳。

歌诀

叶片纤细似猪毛，叶肉厚绿表皮光。
茎杆直立多彩条，枝杈腋处红斑亮。
根系坚硬强吸水，沙滩山坡宜生长。
秋来茎尖巧变性，变短变宽育籽忙，
老株煮水时常喝，清热平肝稳血压，
蒜茸凉拌时尚菜，补虚健美寿延长。

鬼圪针

Bidens pilosa L.

学名：鬼针草
别名：三叶鬼针草、虾钳草、对叉草、粘人草、一包针、豆渣草、盲肠草等
菊科鬼针草属
一年生草本
繁殖方式：种子
花果期 8-10 月
中医认为：性平；全草可入药，有清热解毒、活血散瘀等功效

老熟时，鬼圪针浑身长满带钩刺的针状瘦果。人或动物一旦触及，就会鬼神般地悄悄粘附在身上。因此，人们称它为鬼圪针。

植株为直立生长形，株高可达 30-100 厘米。

叶片为三出复叶，边缘有锯齿。中、下部叶对生，上部叶互生。叶片两面有微柔毛。其他种类鬼圪针的叶片，有羽状复叶的、有羽状裂叶的，小叶片 5-7 枚或为裂叶。

鬼圪针茎直立生长，为钝四棱形，有槽沟，下部略带淡紫色，枝对生。

头状花序，小花十余朵。花黄色或白色。

瘦果黑色，呈针束状，细条形，顶端有芒刺 3-4 枚，有倒刺毛。

小苗和鲜嫩茎叶可腌制、炒食、蒸食等。具有清新野味，清淡可口。腌制鬼圪针是一种传统吃法。

歌诀

复花叶，对对长，缺刻有别品种多
四棱茎，凹槽状，坚韧硬实难吹倒
针捆种，头球窝，成熟种钩粘腿跑
嫩茎叶，幼小苗，腌制蒸菜好味道
平瘰肿，喉炎消，肝肺大肠祛火好
降血脂，调血压，孕妇莫用应记牢

打碗花

春季 幼苗，嫩茎叶，根

夏季 嫩茎叶，根

秋季 嫩茎叶，根

冬季

Calystegia hederacea
Wall. ex. Roxb.

学名：打碗花
别名：旋花、狗儿蔓、旋花苦蔓、面根藤、喇叭花、蒲地参、兔儿苗、
钩耳藤等
旋花科打碗花属
蔓性多年生草本
繁殖方式：根芽和种子
花果期 6-10 月
中医认为：性平；根状茎和花入药，有健脾益气、促进消化、调经
止带、利尿止痛等功效

打碗花生命力顽强，凡是带节的根茎段，都能
长出新的植株。因此，其生长蔓延迅速，常形
成群落分布。

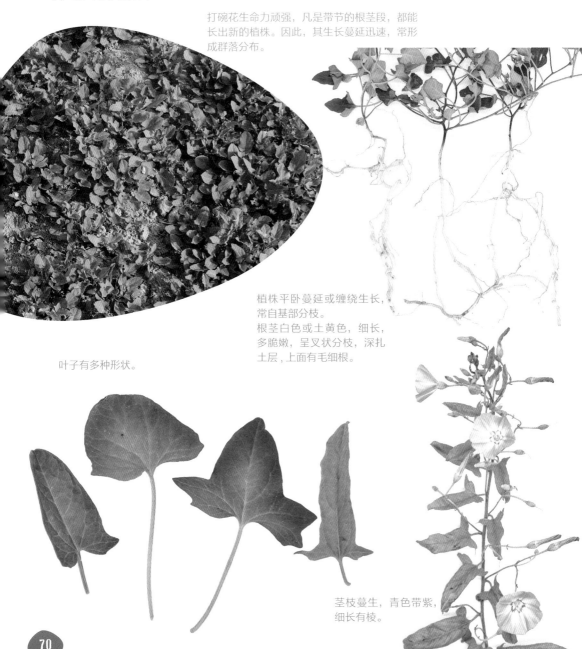

植株平卧蔓延或缠绕生长，
常自基部分枝。
根茎白色或土黄色，细长，
多脆嫩，呈叉状分枝，深扎
土层，上面有毛细根。

叶子有多种形状。

茎枝蔓生，青色带紫，
细长有棱。

花为单花腋生，花梗比叶柄长，且有细棱。花冠钟状或喇叭状，有淡紫色、淡蓝色、粉色或白色等。

蒴果为卵球形，种子黑褐色，表面有小疣。

歌诀

茎秆紫红细如线，贴地生长或攀缘。

细白根系分生强，叶片互生光滑面。

一叶一腋一花蕾，花似喇叭红白蓝。

幼苗蒸炒或做汤，白根蒸食甜又面。

根茎叶花入中药，药性平稳味甘淡。

健脾益气又利尿，调经止带疼痛缓。

根茎含有毒性物，过量食用欠安全。

幼苗、嫩茎叶或根茎可食用。嫩茎叶可做汤、炒食或做馅、烙菜盒等，柔软清淡，舒适利口，但多食会闹肚。洁白脆嫩的根茎可蒸食或做汤用，口感甜面，别具风味。蒸吃打碗花根是贫穷时期的传统吃法，但其根有一定毒性，不能多吃，吃多了会导致腹泻。

打碗花再生能力强，一年四季均有鲜嫩茎叶可采摘，但以早春时节的为最好。

打碗花花色多样，花形较大，姹紫嫣红，十分美观。除作为野菜和药用外，还可用于观赏，美化环境。

益母草

春季 嫩茎叶
夏季 鲜花
秋季 幼苗
冬季

Leonurus artemisia (Laur.) S. Y. Hu

学名：益母草
别名：益母蒿、益母艾、野天麻、铁麻干、童子益母草、三角胡麻等
唇形科益母草属
一年或二年生草本
繁殖方式：种子
花果期 4-6 月
中医认为：性微寒；全草入药，有活血调经、利尿消肿等功效

植株为直立生长形，株高可达 30-120 厘米。

茎直立，四棱形，有纵沟，青紫色，密生茸毛，对对分枝。

根为须根，白色。

幼苗无茎，基生叶簇生，近圆形，叶缘 5-9 浅裂，叶柄细长。色泽青绿或灰绿，多泡皱。

轮伞花序，腋生，花轮由若干朵小花组成，间断着生于茎节处。小花无梗，花萼钟形，花冠唇形，有白色、淡红色或紫红色。

益母草是妇科常用的中草药——益母丸、益母膏、益母颗粒等离不了的主要原料。

幼苗、嫩叶和鲜花可食用。可凉拌、炒食、煲汤、蒸食、做馅、烙饼或做药膳等。清新爽口，别有风味。

采摘益母草，宜在早春或晚秋采摘小苗基生叶片。此时的叶片，鲜嫩无比，营养丰富。

小坚果，淡褐色，光滑，呈长椭圆状三棱形，上尖下圆。

歌诀

细叶柄，对对生，叶面泡皱深裂形。
茎四棱，花唇形，聚轮小花茎节生。
凉拌炒食煲鲜汤，蒸菜做馅或烙饼。
利尿消肿缩子宫，活血祛瘀调月经。

野菊花

春季 嫩茎叶
夏季
秋季 蕾，花
冬季

Dendranthema indicum (L.) Des Moul.

学名：野菊
别名：野菊花、疟疾草、苦薏、路边黄、山菊花、菊花脑等
菊科菊属
多年生草本
繁殖方式：宿根
花果期 9-11 月
中医认为：性寒；全草入药，有清热解毒、疏风凉肝、散瘀、明目、降血压等功效

野菊花常生于山坡、岩崖、灌丛、路旁、河岸等野生地带。

植株为直立或铺散生长形，株高约 30-100 厘米，有地下匍匐茎。

茎直立或铺散，常在茎顶形成伞房状花序分枝，茎枝通常有白色柔毛。

叶片互生，有羽状深裂、浅裂或不明显分裂。裂片边缘呈锯齿状。叶色淡绿，叶背有短柔毛。

花序为头状花序，与菊花相似，生长于茎枝顶端，直径 1.5-2.5 厘米，许多小花在茎枝顶端排成伞房花序。花黄色，具有清爽气味。

果实为瘦果，有 5 条纵纹，基部窄狭。

幼苗、嫩叶和鲜花可食用。幼苗和嫩叶可蒜茸凉拌、腌制或荤素炒食，花朵可泡茶、熬粥或炖药膳等。

野菊花全株有清爽芳香气味。所做的菜肴或茶饮，菊香浓郁，清爽可口。

采摘小苗，要在早春进行。此时的茎叶鲜嫩，营养丰富。采摘花朵，须在秋季花开时节。

因野菊花多生长在山坡、山崖上，采摘时要注意安全。

车前草

春季　嫩叶
夏季　全株
秋季　全株
冬季

Plantago asiatica L.

学名：车前
别名：车轮草、猪耳朵草、牛耳朵草、车辖辘菜等
车前科车前属
一年生或多年生草本
繁殖方式：种子及宿根
花果期 4-11 月
中医认为：性微寒；全草和种子均入药，有清热利尿、明目祛痰、渗湿止泻、镇咳平喘等功效

车前草有不同种类，主要分为大车前和平车前（小车前），它们的叶片大小和根系有所不同，但具有相同的食用和药用价值。

植株呈丛生或莲座状。株高连同花茎可达 50 厘米左右。

根茎短缩肥厚，大车前密生须根，小车前有直根和侧根。
车前草叶片全部根生，浓绿色或淡绿色。大车前叶片宽卵形，小车前叶片细长形，状如猪耳，比较肥厚，所以，老百姓称之为猪耳朵草。长叶柄,瓦槽状。叶脉 5-7 条，弧形明显。

花序穗状，从叶丛中抽生，马鞭状，呈直立或稍弓曲状，一般有 3-10 个。花冠小，淡绿色，紧密或稀疏围着花茎生长。

歌诀

柔韧叶片猪耳形，肥瘦有别莲座生。
花序好似狼牙棒，花蕾围轴密密拥。
种子椭圆黑褐色，温暖潮湿茫茫生。
嫩叶焯后荤素炒，凉拌做馅煲汤羹。
种子俗称车前子，入肾膀胱肝肺经。
清热止痰又明目，尿路感染遇克星。

果实为蒴果，多为卵圆形。种子黑褐色，椭圆形。

幼苗和嫩叶焯水后，可以凉拌、蘸酱、做馅、蒸食或做汤，还可以与荤素食材搭配炒食。

风味独特，光滑可口。

车前草的种子俗称车前子，是一味中药。

作者身边有好几个尿路感染患者，经常复发，通过用车前草全株煮水喝，每次一碗，每天两次，坚持一个月有余，就把此病基本根除了。

酢浆草

春季　幼苗，嫩茎叶
夏季　嫩茎叶
秋季　嫩茎叶
冬季

Oxalis corniculata L.

学名：酢浆草
别名：酸味草、酸醋酱、酸浆草、酸酸草、三叶酸、酸咪咪
酢浆草科酢浆草属
多年生草本
繁殖方式：宿根和种子
花果期 4-11 月
中医认为：性寒；全草入药，有解热利尿、消肿散瘀等功效

酢浆草中的酢字比较生僻，为多音字，在这里与醋同音且同意，不用说，酢浆草具有酸味。

植株低矮、丛生，匍匐或半直立生长，全株有细柔毛。

叶为三出复叶，互生或基生，叶柄长，叶色青绿或黄绿色。强光下叶片外翻撮在一起，以减少水分散失。

茎细弱，多分枝，匍匐茎节上常有气生根。

花腋生，单一或数朵集为伞形状花序。花黄色，5枚花瓣。蒴果长圆柱形，4棱，4排小籽。

嫩茎叶可凉拌或做汤。酸味纯厚，爽口开胃。有人用酢浆草全株煮水加红糖防治感冒。

　　酢浆草因其茎叶含草酸，可用来擦铜镜等铜器，使其光泽鲜亮。不过，牛羊食其过多可中毒致死。

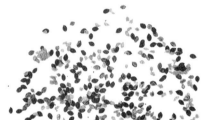

种子长卵形，褐色或红棕色，具横向肋状网纹。

歌诀

形似三叶草，瘦弱塌地长。
花枝出叶腋，花序聚伞状。
干旱叶外翻，午晴小花黄。
四棱尖角果，四排小籽装。
草酸含量多，凉拌或做汤。
消肿清热火，感冒可设防。
擦拭铜制品，光泽鲜又亮。
牛羊应躲避，多食命遭殃。

紫苜蓿

春季 嫩茎叶
夏季 嫩茎叶
秋季
冬季

Medicago sativa L.

学名：紫苜蓿
别名：紫花苜蓿、苜蓿草、苜蓿
豆科苜蓿属
多年生宿根草本
繁殖方式：种子和宿根
花期 5-7 月，果期 6-8 月
中医认为：性平；全草入药，有清脾胃、清湿热、利尿、消肿等功效

植株为直立生长形，株高可达 30-100 厘米，枝叶茂盛。

地表浅层的根茎芽极易分生茎枝。主根粗壮，可深入土层达数米。根茎发达，有根瘤。

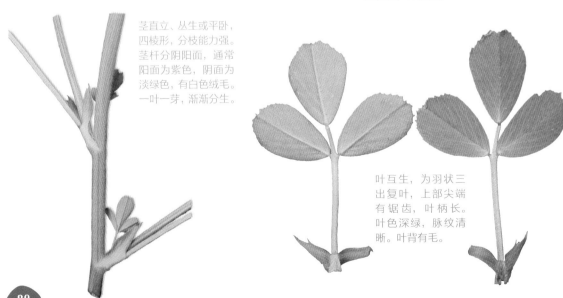

茎直立、丛生或平卧，四棱形，分枝能力强。茎杆分阴阳面，通常阳面为紫色，阴面为淡绿色，有白色绒毛。一叶一芽，渐渐分生。

叶互生，为羽状三出复叶，上部尖端有锯齿，叶柄长。叶色深绿，脉纹清晰。叶背有毛。

花序为总状或头状，有花 5-30 朵，花梗由叶腋抽生。花萼钟形，花瓣紫色蝶状，鲜艳美丽。

果实为荚果，呈螺旋状弯曲，成熟时为棕色，不开裂，有种子10-20 粒。种子肾形，平滑，黄色或棕色。

紫苜蓿嫩茎叶维生素 K 的含量很高。

鲜嫩茎叶可以凉拌、炒食、榨汁、做汤、蒸食、做馅或烙饼。

炒苜蓿味道鲜美，沁人心脾；榨苜蓿汁，清凉可口；蒜茸凉拌苜蓿，味道鲜美，爽口。

苜蓿再生能力强，春夏可以持续采摘鲜嫩茎叶。

苜蓿芽有一定毒性，因此不宜久食多食。

紫苜蓿是很好的牲畜饲料，还可用于水土保持，用作护坡栽植和景观植物。

早春的苜蓿新芽，味道佳，口感好。因此，采食苜蓿最好在早春时节，采摘茎端三四节的鲜嫩茎叶。

歌诀

宿根植物多年生，
根系肥大扎深层，
根生小芽簇簇茎，
多次刈割茬茬生。
四棱茎杆分阴阳，
一叶一芽直立形。
三出复叶互生长，
叶茎背面白毛挺。
蝶状花瓣紫花柱，
黄褐种子如肾形。
防风固沙强长势，
维生素 K 含量丰。
益牧益食益观赏，
炒蒸馅汤烙菜饼。
清理脾胃除湿热，
止血利尿肿胀停。

附地菜

Trigonotis peduncularis
(Trev.) Benth. ex Baker et Moore

学名：附地菜
别名：黄瓜菜、伏地菜、鸡肠草、地铺圪草、地胡椒
紫草科附地菜属
一年或二年生草本
繁殖方式：种子
花果期 3-5 月
中医认为：性平；全草入药，有温中健胃、消肿止痛、止血等功效

小苗为莲座状，由许多基生叶片形成。就像摆在地上的小碟子一样，伏地生长。色泽青绿或淡青，冬季或呈暗紫色。

苗期叶片为匙形，叶片正背两面均有平伏粗毛，背面泛白色。叶柄细长，泛紫红色。苗期叶片的汁液，具有淡淡的黄瓜清香气味。因此，老百姓称它为黄瓜菜。

总状花序，花小，白色或蓝色，盛开时像满天星一样漂亮。

茎枝纤弱，抽生茎枝后的植株，呈密集丛生的半直立形或铺散形，株高5-30厘米。此时的叶片变大、变长。

果实为不规则小坚果，种子细小，棕褐色。

嫩叶具有淡淡的黄瓜清香味，口感滑腻。一般早春、秋冬季均可采挖。可以凉拌、煮粥，还可以搭配其他食材炒食。

歌诀

植株圆盘莲座长，深秋气寒长势强。

叶背灰白叶面绿，叶片长圆柄细长。

植株密被小绒毛，黄瓜气味扑鼻香。

一叶一芽环环生，蓝白小花繁星亮。

煮粥凉拌荤素炒，食用之前开水烫。

入药温中又健胃，止痛止血消肿胀。

紫花地丁

春季 幼苗
夏季 幼苗
秋季 幼苗
冬季

Viola philippica

学名：紫花地丁
别名：野堇菜、堇堇菜、光瓣堇菜
堇菜科堇菜属
多年生草本
繁殖方式：宿根和种子
花果期 3-5 月
中医认为：性寒；全草入药，有清热解毒、凉血消肿等功效

植株无地上茎，由许多叶片组成，呈莲座状或斜仰向上的簇生状。株高约有 5-15 厘米。

紫花地丁是一种地上没有茎的野生花草，往往形成一片一片的小群落，虽然株形小，但花色艳丽，很有观赏价值。

花五瓣，有白色或紫色，常带彩色条纹。

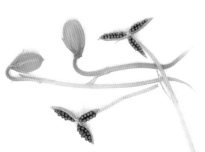

果实为蒴果，长圆形，勾头下弯。蒴果成熟后，自然开裂为三片状，每片有种子十余粒。种子卵球形，米粒大小，棕黄色。

根系多为白色，垂直生长。

嫩叶可以凉调、蒸食、炒食或做馅。略有苦味。

歌诀

植株无茎莲座长，叶片浓绿长舌状，
花蕾弯头一个个，花葶腋出柄细长，
五瓣蝶花紫或白，清明前后鲜又亮，
蒴果长圆三片裂，种子卵圆色棕黄，
幼苗烫后凉水泡，蒸炒做馅或凉调，
清热消肿还利湿，脾胃虚寒不宜尝。

景天三七

春季 嫩茎叶
夏季 嫩茎叶
秋季 嫩茎叶
冬季

Sedum aizoon L.

学名：费菜

别名：土三七、救心菜、养心草、还阳草、金不换等

景天科景天属

多年生宿根草本

繁殖方式：宿根和种子

花果期 6-9 月

中医认为：性平；全草入药，有活血化瘀、养心平肝、安神补血、清热解毒、滋阴养血、降压降脂等功效

景天三七生命力极强，耐阴耐寒耐干旱。再生能力强，落地生根，比红薯秧都容易扦插成活。

植株为直立生长形，茎从宿根的短缩根状茎上抽生，高达 20-50 厘米，光滑无毛，不分枝或少分枝。

叶片坚实，近革质或似肉质，表面翠绿色，背面淡绿色，互生，狭披针形、椭圆状披针形至卵状倒披针形，先端渐尖，基部楔形，边缘有不整齐的锯齿。茎尖叶序，好似分层排列的翠绿色花冠一样美丽。

花序顶生，聚如伞状，花朵数个，花枝平展。花蕾呈星芒状排列，小五星般的五瓣黄色小花镶嵌在翠绿色的叶片里，恰如繁星点点，煞是好看。

种子长椭圆形，具五棱，顶端有毛。

嫩茎叶可配肉、蛋、食用菌、海米等炒、炖，可煲汤、做馅、涮火锅，也可素炒、凉拌、蘸酱、腌渍小菜。

略带苦味，可先用沸水焯过，置冷水中浸泡除去苦味。

采摘时，要摘取鲜嫩的茎叶，不要连根拔掉，这样可以边摘边长边吃。

景天三七株形优美，绿色期长，人们常把它扦插在花盆里或栽培在庭院中，作为观赏花卉。

歌诀

色泽翠绿肉叶片，
叶缘锯齿不规整，
小花五瓣色鲜黄，
拌炒炖腌保健茶，
安神补血清热毒，
落地生根易成活，

茎尖叶序似花冠。
顶生花枝聚如伞。
果实五棱五籽含。
活血化瘀养心肝。
降压降脂护血管。
用作绿化好景观。

泥胡菜

春季 夏季 秋季 冬季 幼苗

Hemistepta lyrata (Bunge) Bunge

学名：泥胡菜
别名：猪兜菜、苦马菜、剪刀草、石灰菜、苦郎头等
菊科泥胡菜属
一年生草本
繁殖方式：种子
花果期 4-7 月
中医认为：性寒；全草入药，有清热解毒、散结消肿等功效

小苗莲座状，根为白色锥状直根系。

植株为直立生长形，株高可达 30-100 厘米。茎直立、单生，茎杆上部多有分枝。茎枝为凹槽和棱条状。

初生的幼嫩心叶往往泛白色，并且相互粘连在一起。泥胡菜叶片上的灰白色，如同撒上的白石灰一样，尤其是中心处的白色非常明显，所以，老百姓也管它叫石灰菜。

花序为头状，生长在茎枝顶端，排成疏松的伞房花序。小花紫色或红色，花苞为钟状或半球状。

大头状羽状裂叶，边缘锯齿状。叶柄为凹槽状，呈灰白色。叶片正面为绿色或灰绿色，无毛，背面生有一层白色茸毛。

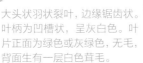

泥胡菜是蚜虫非常喜欢取食的材料，随着温度的逐渐升高，茎枝上的蚜虫也会越来越多。将泥胡菜与其他蔬菜相邻种植，可以保护其他蔬菜的相对安全。

果实为小瘦果，深褐色，长扁状，有白色冠毛。

泥胡菜用一般的方法烹制，苦味难耐。但在清明节前用幼苗来蒸糕、蒸馒头时，没有苦味，只有一股淡淡的咸味和清香。可能是碱味中和了苦味的缘故。

泥胡菜最好是在早春进行采挖。此时的幼苗叶片柔软，苦味轻。

歌诀

叶片深裂株强健，主根锥状粗又圆
叶面绿色叶背白，新叶聚合互粘黏
花茎长长分枝多，花蕾满天紫红冠
球形总苞多瘦果，温度渐高蚜虫伴
鲜嫩幼苗苦味浓，清明蒸糕味微咸
散结消肿清热毒，孕妇一定要离远

朝天委陵菜

学名：朝天委陵菜
别名：铺地委陵菜、仰卧委陵菜、野芫荽、老鹤筋等
蔷薇科委陵菜属
一年生或二年生草本
繁殖方式：种子
花果期 3-6 月
中医认为：性寒；全草入药，有清热解毒、凉血、止痢等功效

春季 幼苗
夏季 嫩茎叶，幼苗
秋季 嫩茎叶，幼苗
冬季

Potentilla supina L.

朝天委陵菜的样子很像芫荽（俗称香菜），植株呈溜地或斜仰生长。

主根细长，有稀疏侧根。

羽状复叶，碎裂叶缘，互生。茎枝为叉状分枝，侧枝多从根茎分出，向阳面青紫色、背阴面青色。茎杆皮毛又短又硬。

两叶两枝中间分生一个花蕾，小花黄色，花蕊圆盘形。

果实长柄、扁圆，种子长卵形，先端尖，黄褐色，有纵皱纹。

鲜嫩茎叶具有淡淡的甜味，和芫荽的味道不一样。用开水烫一下，再用凉水浸泡，然后可炒、凉拌或下汤锅。

歌诀

叶片稀疏为互生，植株扁状贴地行，
羽状复叶缘碎裂，两小苞叶护基柄
侧枝多从根茎出，茎杆皮毛短又硬
两叶两枝一花蕾，黄色小花圆盘形
鲜嫩茎叶开水焯，配炒凉拌甜生生
鲜品外用退蛇毒，凉血止痢湿热清。

黑点菜

 春季 夏季 秋季 冬季　嫩茎叶

Polygonum lapathifolium L.

学名：酸模叶蓼
别名：大马蓼、旱苗蓼、斑蓼、柳叶蓼等
蓼科蓼属
一年生草本
繁殖方式：种子
花果期 7-11 月
中医认为：性温；全草入药，有利湿解毒、散瘀消肿、止痒等功效

由于叶片上常生有月牙形黑色斑点，所以老百姓叫它黑点菜、斑蓼。叶片互生，披针形至宽披针形，全缘，边缘具粗硬毛。正面灰绿色；叶背面灰白色，生有白色短硬伏毛。托叶鞘筒状，膜质。

植株比较高大，株高可达 1 米以上。

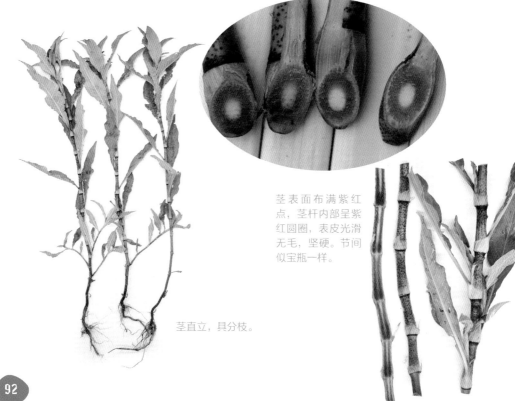

茎直立，具分枝。

茎表面布满紫红点，茎杆内部呈紫红圆圈，表皮光滑无毛，坚硬。节间似宝瓶一样。

穗状总状花序，顶生或腋生。花
穗粉红色或白色，往往弯曲下垂。
小花紧密，通常数个花穗组成圆
锥状花序。

瘦果，种子扁宽
卵形，双凹面，
黑褐色。

嫩茎叶可以做蒸菜、炸丸子、烙饼。

歌诀

黑点菜，真稀罕，叶面蝴蝶斑，叶背白毛衫。

瓶状节，光滑坚，茎内紫圈圆，茎上紫点点。

穗花序，开顶端，蝶花小又艳，紫白一串串。

褐色籽，亮又扁，顶圆种底尖，表面有凹陷。

幼嫩叶，叶脉显，叶质硬又干，蒸菜光滑鲜。

入药用，苦味淡，止痒瘀肿消，利尿湿毒散。

酸不溜

 春季 嫩茎叶

 夏季 嫩茎叶

 秋季 嫩茎叶

 冬季

Polygonum divaricatum L.

学名：叉分蓼
别名：酸不咂、酸姜、酸木浆等
蓼科蓼属
多年生草本
繁殖方式：宿根
花果期夏秋季
中医认为：性凉；全草入药，有清热、消积、散瘿、止泻等功效

酸不溜有一种清爽、温柔的酸味，所以有一串与酸有关的名字：酸不咂、酸姜、酸木浆等。

出土不久的小苗，茎叶支棱，叶如匕首，刚健遒劲，给人一种强健有力的感觉。

植株丛生状，株高可达 70-120 厘米。

根系线状，棕红色，往往包裹着一层半脱落的黑褐色表皮，深深扎入土层，形成宿根。

茎枝无毛，中空，节部膨大，茎节如竹节般。

叶片为单叶互生，呈柳叶状、全缘，有毛，叶面上有黑色小斑点。托叶鞘膜质，常破裂，用手剥离时，有黏糊糊的感觉。

其茎直立或斜生，又状分枝，从茎基部分生，开展形生长。

花序呈疏松开展的圆锥状，呈白色或淡红色。花枝开展形生长，果实为小坚果，卵状菱形或椭圆形，黄褐色，有光泽。

鲜嫩茎叶可生食、凉拌、炒食、做汤等。由于其含多种有机酸，焯水或炒食后色泽略微泛黄，有熟烫的感觉。温柔的酸酸的味道，爽口舒适，清热健胃，不失为一种绿色佳肴。不过，怕酸的人可能不太喜欢哟！

采食酸不溜，最好的时节是春季。采挖的时候，要摘取鲜嫩的叶片或茎尖。

歌诀

草本植物多年生，棕红根系扎深层，
植株强健周身毛，叶片剑形黑斑呈，
又状分枝基部起，黏黏糊糊鞘抱茎，
茎杆节节小鼓肚，叶抱茎处灰斑迎，
全株含有多种酸，生吃炒煮酸味正，
清热解毒止泻痢，帮助消化还散瘿，
根系祛寒暖脾胃，止痛理气浊气清。

95

水菠菜

春季 幼苗
夏季
秋季 幼苗
冬季

Rumex acetosa L.

学名：酸模
别名：山菠菜、野菠菜、牛舌头棵、酸母、酸溜溜等
蓼科酸模属
多年生草本
繁殖方式：种子及宿根
花果期 5-8 月
中医认为：性寒；全草入药，有凉血、解毒、通便、杀虫等功效

水菠菜叶片与菠菜颇为相似，所以它有许多与此相关的别名，还因为它有酸酸的味道，所以就有一些与酸有关的别名了。

植株为直立生长形，株高可达 1 米左右。

幼苗莲座状。

叶片无毛，通常为青绿色或灰绿色，叶面上分布有许多紫红色小斑点，长叶柄。

叶柄基部有托叶，用手剥离短缩茎处的叶柄时，会有黏黏糊糊的感觉。

抽薹后的茎杆直立生长，有沟槽。

其短缩的根状茎，表面棕紫色或棕色，短粗，着生多数须根。其断面多为棕黄色和粉红色相间。

果实为瘦果，椭圆形，具3锐棱，两端尖，黑褐色，有光泽。

水菠菜的花序为圆锥状，顶生，花枝稀疏纤细，长达40厘米。花为簇生，间断着生于花枝上，如轮状般，每一花簇有花数朵。花单性，雌雄异株。雌花的内花被片，结果时显著增大，呈翅状，近圆形，淡紫红色。

水菠菜有一定的工业用途。其叶片所含牡荆素（黄酮类），可以提取绿色染料；根所含的蒽酮类和鞣质，可提制栲胶。

水菠菜鲜嫩的叶，可以生食、凉拌、做汤、炒食或调味。但不可过量食用。

歌诀

叶乏亮光琵琶形，中茎短缩叶簇拥
紫红斑点散叶面，柄基包皮黏糊糊
肉质根表淡红色，木质部位色鲜红
轮轮花序着花茎，老熟果实串串红
种似虫卵卧船头，三棱果翅三粒种
根富鞣质蒽酮类，叶片做菜酸味浓
提取绿色做染料，制作栲胶很有用
利尿通便治口疮，凉血止血又杀虫。

野西瓜苗

春季 幼苗
夏季 幼苗
秋季 幼苗
冬季

Hibiscus trionum Linn.

学名：野西瓜苗
别名：香铃草、灯笼花、小秋葵、山西瓜秧、野芝麻、打瓜花等
锦葵科木槿属
一年生草本
繁殖方式：种子
花果期 5-10 月
中医认为：性寒；全草入药，有清热解毒、祛风除湿、止咳利尿等功效

植株为直立或斜仰生长形。株高 25-70 厘米，全身生有疏密不等的细软毛。

野西瓜苗的叶子与西瓜很像，所以得名，但其实与西瓜既不同科也不同属，没有半点亲缘关系。

野西瓜苗的叶片有两种形状，生长在植株基部的少数几片叶近圆形，不分裂，叶缘为钝齿状。生长在茎枝上的其他多数叶为掌状分裂形，叶柄长 2-4 厘米，叶缘为羽状缺刻或大锯齿状。

当淡黄色的花瓣枯萎脱落后，5个裂片状的三角形花萼，渐渐收缩成花萼苞。随着花萼苞里果实的膨大，收缩的花萼苞渐渐鼓起来，好像一个拇指大小的灯笼似的，很是美观。

野西瓜苗的花为单花，生于叶腋间。花萼为钟形，花萼裂片为5个，三角形，膜质，淡绿色，上边有明显的墨绿色或紫色纵脉纹。花瓣为5枚，下部紫，上部淡黄色。雄蕊黄色，柱头紫色。

成熟的种子散落到地上后，进入休眠状态，来年春天再萌发生长。

小苗和嫩茎叶可以炒食、蒸食或做馅等。口味平淡。

歌诀

西瓜叶形非瓜秧，分枝不匀易侧仰，
笼状花蕾叶腋出，亭亭玉立茎杆上，
雄蕊黄色柱头紫，花瓣下紫上淡黄，
长毛果球笼内卧，皱皮种子似心脏，
可炒可蒸可做馅，过敏皮肤莫品尝，
祛风除湿止咳嗽，利尿通便治口疮。

野胡萝卜

春季　幼苗，肉质根
夏季
秋季　幼苗，肉质根
冬季　肉质根

Daucus carota L.

学名：野胡萝卜
别名：山萝卜、红萝卜、鹤虱草、黄萝卜等
伞形科胡萝卜属
二年生草本
繁殖方式：种子及宿根
花果期 5-7 月
中医认为：性平；果实、根、叶入药，有健脾化滞、凉肝止血、清热解毒等功效

野胡萝卜与栽培的胡萝卜亲缘关系较近。两者同科同属，只是不同种而已。

植株为直立生长形，株高 15-120 厘米。

叶片翠绿色。叶形轮廓为长圆形，呈二至三回羽状分裂，末回裂片为线形或披针形。根生叶有长柄基部鞘状，叶柄长 3-12 厘米，呈簇生或伏地生长状态。茎生叶叶柄较短，或近无柄，有叶鞘。

茎为直立形，分枝少，表面有纵槽状沟纹和白色粗硬毛。

花序为复伞形花序，顶生或侧生，呈漏斗式盘状，由 15-25 朵小伞形花序组成。通常为白色，有时带淡红色。

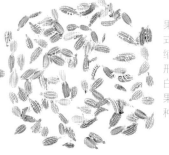

果实成熟时，漏斗式盘状花序渐渐收缩干枯。果实圆卵形，有棱，棱上有白色刺毛。为双悬果，其内分包两粒种子。

由种子萌发生长的野胡萝卜，冬天以地下肉质根越冬，翌年春天从地下根茎处萌发新叶，抽生茎枝，开花结果。随着种子的成熟，茎叶和地下肉质根等器官相继枯死。至此，野胡萝卜完成它两年一次的生命周期。

野胡萝卜种子成熟后，进入休眠状态，等到秋天萌发生长。

野胡萝卜在我国的中原地区已不太多见。作者到南阳考察的时候，

发现了一个野胡萝卜沟。据当地的老百姓讲，野胡萝卜是他们过去用于充饥的野菜，现在已不多见，也很少食用。

野胡萝卜的嫩茎、叶和根均可食用。

嫩茎叶焯水后，可以凉拌、蒸食、炒食、做汤等，肉质根可以腌制、做馅、炖食等，非常适合脾虚人群食用。

采挖野胡萝卜，一般在 8-9 月采食幼苗，11 月至次年 3 月，连根采挖未抽薹的幼苗。

歌诀

莲座幼苗短缩茎，
叶片羽状分裂深，
春暖花茎节节长，
粗硬白毛披满身，
伞形花序白淡红，
毛刺种子似刺猬，
圆锥肉根色黄白，
腌制做馅配肉炖，
嫩茎嫩叶开水焯，
凉拌蒸炒汤味美，
根叶种子入中药，
味辛甘苦性温顺，
凉肝止血能解毒，
健脾化滞湿热退。

萹蓄

 幼苗，嫩茎叶

  嫩茎叶

秋季

冬季

Polygonum aviculare L.

学名：萹蓄
别名：扁竹、簸箕筋、铁搡杖、牛鞭草、牛筋草等
蓼科蓼属
一年生草本
繁殖方式：种子
花果期 5-8 月
中医认为：性寒；全草入药，有通经利尿、清热解毒等功效

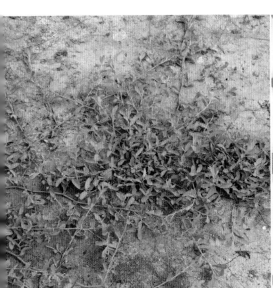

植株为丛生状，分枝很多，茎枝匍匐、斜生或直立，高 10-40cm，常有白粉。

茎枝圆柱形略扁，具纵棱，如粗线绳一般。表面灰绿色或棕红色，有细密突起的纵纹。茎基有苞叶，节部稍膨大。质硬，易折断，断面髓部为白色。
叶片像竹叶一样，互生，近无柄或具短柄，全缘，两面均呈棕绿色或灰绿色。
小花白色，花梗短，单生或数朵簇生于叶腋间，遍布全株。
落花后果嘴粉红色。

根细长，褐色，质脆。

果实为小瘦果，卵状三棱形，褐色或黑色。

嫩茎叶可以凉拌、蒸食、炒食等。口感平淡。

歌诀

茎杆似线绳，节节贴地生。

小叶细长卵，分枝不规整。

茎基有苞叶，叶腋小花生。

花落果嘴红，褐种尖三棱。

幼苗纤维多，老化质地硬。

蒸菜凉拌炒，清热解毒灵。

补钙利小便，药入膀胱经。

乌蔹莓

春季　夏季　秋季　冬季　嫩芽

Cayratia japonica
(Thunb.) Gagnep.

学名：乌蔹莓
别名：五爪龙、野葡萄、乌蔹草、五龙草、五叶藤、虎葛等
葡萄科乌蔹莓属
多年生攀援性草质藤本
繁殖方式：宿根和种子
花果期 8-11 月
中医认为：性寒；全草入药，有凉血解毒、利尿消肿等功效

植株为匍匐或攀缘状，如葡萄一般。
所以，老百姓叫它野葡萄。

地下根匍匐生长，粗达 1 厘米以上，土黄色。

藤茎圆柱形，有纵棱纹，生有稀疏柔毛或无毛，可长达数米。卷须为 2-3 叉式分枝，与叶对生，两个连生或间隔 1-2 个节间生长一个。

一个叶柄上有五片小叶子的复叶，如同鸟的爪一般。叶缘为锯齿状。叶片上面为绿色，无毛，下面为浅绿色，或有微毛。

初生的嫩芽和嫩茎叶为酱红色，要不是有卷须，真如鲜嫩的香椿芽一般。

花序腋生，花序梗可长达10厘米左右。花梗呈叉状形二回分枝，朝天生长。这种花序，在植物学上称为复二歧聚伞花序。花蕾为卵圆形，顶端圆形。小花绿色，达数十朵，花瓣落去以后，花托为粉红色，星罗棋布般组成聚伞状花果枝。

种子土黄，表面龟背形。

果实为浆果，扁圆形，直径约1厘米。未成熟时为青绿色，成熟后为紫蓝色。

　　嫩芽焯水后，可以凉拌、腌制、炒食或蒸食。民间有用乌蔹莓煮水喝治疗高血压的偏方。
　　紫蓝色的浆果具有甜味，因含乌蔹甙，口感发麻，不可食用。

105

涩拉秧

Humulus scandens

学名：葎草
别名：勒草、拉拉藤、锯锯藤、拉拉秧、涩涩秧、五爪龙等
桑科葎草属
一年生或多年生蔓性草本
繁殖方式：种子
花果期 7-9 月
中医认为：性寒；根、花和果穗入药，有清热解毒、利尿消肿等功效

涩拉秧的学名是葎草。葎（读音同绿）这个字专用于葎草。

涩拉秧茎叶繁茂旺盛，极易形成群落生长。

植株分枝多，茎枝可长达数米甚至更长。蔓性缠绕，茎、枝、叶柄均具倒钩刺，只要遇到可缠绕的物体，茎枝就能缠绕上去；遇不到可缠绕的物体时，茎枝就呈匍匐状，或相互缠绕着匍匐生长。

涩拉秧浑身密生钩刺和茸毛。裸露的皮肤一旦触及，就如同被锋利的锯齿和粗糙的砂布蹭了一下似的，顿时引起红肿或拉出血痕，使人感到既痛又痒。

其小苗为单生或簇生，一般春季 3-4 月间出苗。子叶细长条形，叶片暗绿色，似皱泡状，心叶略带暗紫色。

茎枝和叶柄为青紫色，有纵棱和沟槽，质脆，断面中空。

植株分雌株和雄株两种。无论是雌花还是雄花，花序都由叶腋生出。

雄花7月中下旬开花，雌花8月上中旬开花。雄花比雌花早开大半个月，有利于传粉受精，繁育后代。

雄花盛花期，花粉如粉尘一样，纷纷扬扬，四处飘荡。花粉过敏的人，这个时期千万不要接近涩拉秧。涩拉秧是我国秋季花粉症的致敏植物之一。

叶为掌状裂叶，形如龙爪一般，对对生长。边缘有锯齿，叶柄长5-10厘米。

雄花序圆锥状，由许多淡黄色或淡绿色小花组成，往往竖立向上。雄花序是涩拉秧中唯一能竖立向上的器官。

雌花序穗状，由十余个球形花组成。果穗绿色，近球形，9月中下旬成熟。

果实扁球形，质坚硬，成熟时露出苞片外。一株涩拉秧可结出成千上万粒种子，种子越冬休眠后，春季即可萌发小苗。

小苗和嫩茎叶焯水后，可以凉拌、炒食或蒸食等。口感一点都不涩拉。

采摘嫩茎叶时，最好在春季3-4月份进行，并且一定要注意保护好皮肤。

可以按照下面的方法蒸一下，很容易，零失败！

①

②

③

④

1. 嫩叶择洗控干水。
2. 拌面，可以先撒一点玉米面拌一下，再撒上白面拌匀，玉米面更利口，但不要撒多。
3. 水开后摊放在蒸锅中，箅子上可先刷上一层油防止粘锅。大火蒸3分钟，用筷子翻一下，再蒸4分钟，马上倒出来。
4. 稍凉加盐拌一下。凉后可根据自己的口味加调料调味。

歌诀

植株茂盛攀爬强，毛刺密密茎细长，
雌雄异花异株开，叶片对对形掌状，
雄花五星花药肥，花穗挺直往上仰，
雌花花开不见花，果实须尖籽聚合，
汁液粘身难清洗，刺毛划肤红肿痒，
幼嫩茎叶与小苗，拌面蒸菜富营养，
根茎叶花分药效，利尿消肿热毒挡。

涩拉秧与乌蔹莓在民间都被称为五爪龙，名字都源于叶子，但两者是不一样的：乌蔹莓是一个柄上有五片小复叶，如同鸟足似的；而涩拉秧是一片叶子裂成几瓣，像手掌一样。

学名：鳢肠
别名：旱莲草、墨菜、黑色、墨旱莲、墨水草、乌心草、还魂草等
菊科鳢肠属
一年生草本
繁殖方式：种子
花果期6-11月
中医认为：性凉；全草入药，有滋补肝肾、凉血止血、生发乌发等
功效

嫩茎叶，幼苗

嫩茎叶

鳢肠

Eclipta prostrata (L.) L.

据《本草纲目》记载，因鳢肠茎枝含有墨绿色汁液，又比较柔软，如同鳢鱼的黑色肠子一样，故称为鳢肠。

根为须根状，有多条，白色。

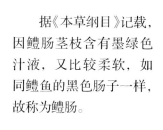

植株分枝较多，分枝多呈对生但不对等性生长。

植株为直立、斜仰或匍匐生长，株高可达60cm左右。浑身密布粗糙的硬毛，用手触摸茎枝、叶片、花梗等器官，具有明显的涩拉拉的感觉。

茎枝为褐紫色或灰绿色，断面墨绿色，有疏松的髓部或中空。茎枝内含有墨绿色汁液，用手断开或搓揉挤压，墨绿色汁液即可出现。茎枝上易生不定根，如同正常根系一样扎地生长。因此，其再生能力很强，一旦茎枝折断，可借助不定根恢复生长。所以，鳢肠又被称为"还魂草"。

叶片为对生生长，绿色。长椭圆形、柳叶形或阔卵形，无叶柄或具有极短的叶柄，叶缘细齿状或波状，两面均密生白色的粗糙硬毛。

果实为瘦果，暗褐色，三棱形或扁四棱形。成熟的种子往往脱离花盘，经过休眠后，次年春季即可发芽。

鳢肠的花序为圆盘状，像很小的葵花或莲蓬一般，植物学上称为头状花序。花序腋生或顶生，常常成双生长，但错期开放。花为白色，花序梗细长。因此，老百姓又叫它旱莲草或墨旱莲。

柔嫩茎叶焯水变软后，可以炒食、凉拌、熬粥或腌制等。

鳢肠口感略涩。

采摘鳢肠茎叶时，手指会被沾染成黑色。这是茎叶浸出的墨绿色汁液所致。这种黑色没有毒性，能洗掉，还用于预防手脚糜烂或治疗狗咬伤。

歌诀

叶似柳叶腋芽含，
叶色绿绿稀齿缘，
十字双叶对对长，
枝不对等易侧弯，
刚毛短硬满茎杆，
汁液黑色体内转。
顶端茎枝出花蕾，
叶腋双花错期现，
白花落去现绿盘，
灰色种子熟即散。
嫩苗开水烫后软，
炒腌熬粥或凉拌，
特效治疗狗咬伤，
出血收敛乌发还。
滋肝补肾又清热，
脾胃虚寒莫要沾。

110

学名：小蓬草
别名：小飞蓬、狼尾巴草、小白酒草、小白酒菊、加拿大蓬等
菊科白酒草属
一年生或越年生草本
繁殖方式：种子
花果期 5-9 月
中医认为：性凉；全草入药，有清热利湿、散瘀消肿等功效

幼苗 春季
嫩茎叶 夏季
幼苗 秋季
冬季

鸡毛掸

Conyza canadensis
(L.) Cronq.

越冬的小苗呈莲座状，浓绿色或略带暗紫色。春天生长的小苗，呈簇生状，淡绿色或黄绿色。

植株为直立生长形，株高可达 1 米以上，浑身上下长满了粗糙毛。小苗抽茎生长后，渐渐形成宝塔形。随着宝塔形植株的生长，就像一个鸡毛掸直立于地上一样。所以，老百姓形象地把它称为鸡毛掸。

莲座叶片为椭圆形、长椭圆形至长椭圆状披针形，全缘或有稀疏的钝齿，有叶柄。茎生叶互生，条状披针形或条状长圆形，叶缘具有微锯齿或全缘，近无柄。茎杆圆柱形，有细纵棱，茎杆上部分枝。茎生叶密集，基部叶花期常枯萎，茎杆呈光腿状。全株黄绿色、绿色或淡绿色，叶序顶端黄绿色。

根为纺锤形，有纤维状根。

花序由许多小头状的花序密集成圆锥花序，小花白色或黄棕色。
种子成熟后，即随风飘扬，落地后温度适合即可发芽。

择取嫩叶。

泡洗。

控水。水要控干一些，以免蒸出的菜过黏。

拌面。可先撒一点玉米面拌一下，再撒上白面拌匀，这样更利口。

切记面不要加多，薄薄裹一层即可。水开后摊在蒸锅中，箅子上可先刷一层油防止粘锅。

大火蒸3分钟，用筷子翻一下，再蒸4分钟，马上倒出来。

稍凉加盐拌一下。凉后可根据自己的口味加蒜汁等调料调味。

　　小飞蓬遍地都是，知道它能吃的人却不多。嫩茎叶和小苗焯水后，可以凉拌、蒸食、做馅、炒食或做汤。还可以择洗干净后，像香椿一样进行腌制。

　　蒸菜口感挺不错的，不苦不涩。蒸菜不能黏糊糊，要干散利口才好吃。可以按照上面的方法蒸一下，很简单，零失败！

歌诀

初生莲座苗，叶宽缘波状。
抽茎叶片细，新叶嫩又黄。
叶多节间短，茎绿白毛长。
形似鸡毛掸，垂直挺拔长。
现蕾即分枝，羽种随风扬。
嫩叶开水焯，腌蒸炒做汤。
清热解湿毒，外用消肿疮。

龙葵

春季 幼苗

夏季 嫩茎叶

秋季 果实，嫩茎叶

冬季

Solanum nigrum L.

学名：龙葵
别名：野海椒、山辣椒、龙葵草、野葡萄、耳坠菜、黑茄子、甜星星、野茄秧、苦凉菜等
茄科茄属
一年生草本
繁殖方式：种子
夏季开花，秋季结果
中医认为：性寒；全草入药，有清热解毒、活血散瘀、利水消肿、止咳祛痰等功效

茎直立，分枝多。茎枝为圆柱形，有棱条，绿色或青紫色，具稀疏的白色柔毛或无毛。

小苗肥壮，叶片光亮嫩绿，如青茄棵一般。

植株为直立生长形，株高30-100厘米，枝叶生长茂盛，与辣椒棵十分相似。

叶片似辣椒叶，暗绿色，互生，阔卵形，全缘或两侧生有不规则的波状齿。叶片正背两面均生有稀疏短柔毛。

花序为多花簇生，近聚伞状花序。花序侧生在叶腋外的茎枝上，一般由数朵至十余朵花组成。簇生状的花朵下垂生长。小花白色，花药黄色。

果实为浆果，呈球形，似珍珠大小。未成熟时青绿色，成熟后为黑紫色。果浆为紫红色。一个浆果内，有许多粒小种子。种子圆饼状，如凸透镜一般，色泽棕黄。

浆果和叶子均可食用。果实还可做绿色、紫色、蓝色的染料。

龙葵嫩茎叶可凉拌、做汤、炒食或下火锅。以下火锅为最佳，光滑爽口。

成熟的龙葵果实味甜，洗净后可以鲜食、拌糖或加工果酒。

因龙葵叶子含有大量生物碱，须经煮熟后方可解毒。所以，龙葵嫩茎叶务必先经开水解毒后方可食用。

切记，未成熟的龙葵果实含有大量生物碱，其毒性与发芽马铃薯毒性相同，可以致人死亡，千万不可食用。

龙葵在河南焦作一带，老百姓叫它野茄棵，农村小朋友们在野地里玩耍的时候，喜欢摘取黑色的果实吃。西双版纳的老百姓叫它苦凉菜，把鲜嫩的龙葵茎叶作为商品在市场销售。据介绍，他们一般是做汤或凉拌食用。

歌诀

茎枝多棱阴阳显，叶片互生形卵圆，
花序着茎花聚生，花冠亮白青萼片，
浆果圆圆绿变紫，种子土黄小扁卵，
叶果食用须谨慎，全株富含生物碱，
嫩叶食前开水烫，炒菜火锅或凉拌，
植株全身可入药，还可染色绿紫蓝，
清热利尿止瘀肿，脾胃虚弱莫要沾

115

狼紫草

春季 幼苗
夏季
秋季 幼苗
冬季

Lycopsis
orientalis L.

学名：狼紫草
别名：牛舌草、野旱烟、砂锅破残
紫草科狼紫草属
一年生草本
繁殖方式：种子
花果期 4-7 月
中医认为：性温；叶可入药，有解毒止痛等功效

幼苗簇生，叶柄基部紫红色。

茎杆有长硬毛，呈一叶一芽斜生分枝。株高一般为 10-40 厘米。

基部叶片匙形，中部叶片长椭圆形，茎生叶片逐渐变尖变细。叶面大泡皱，两面疏生硬毛，边缘有小牙齿状微波，用手触摸叶片有涩拉拉的感觉，好似破残的砂锅。奇妙的是，做成菜以后却光滑适口，没有涩拉拉的感觉。

聚伞花序。花瓣多为蓝紫色。萼片5裂，呈五星状开展。

每个种座裸结4粒褐色虫卵状的种子。

种子富含油脂，可榨油供食用。

小苗和嫩茎叶富含纤维素、叶绿素等。可蒸食、炒食或配汤面条等。

王屋山区的老百姓，自古以来就有采食沙锅破残的习惯。

蛤蟆草

春季 幼苗
夏季
秋季
冬季 幼苗

Salvia plebeia R Br.

学名：荔枝草
别名：癞蛤蟆草、蛤蟆皮棵、蚧肚草、皱皮草、雪里青、雪见草等
唇形科鼠尾草属
一年或二年生草本
繁殖方式：种子
花果期 4-6 月
中医认为：性凉；全草入药，有清热解毒、凉血利尿等功效

蛤蟆草植株为直立生长形，株高可达 90 厘米左右。

抽茎前的植株，由根出叶形成莲座状叶丛，一叶一芽，密集塌地生长。叶基略呈粉红色。叶柄细长凹槽形，有短柔毛。叶片长椭圆形，叶缘圆齿或尖锯齿，叶片正反两面均有短毛。叶面呈皱泡状，如同癞蛤蟆皮一般，所以，老百姓叫它蛤蟆草。

它的主根非常肥壮，向下直伸，且有许多须根。

茎直立，四棱形，中空，多分枝，具有灰白色的短柔毛。

轮伞花序，每轮花序有花 2-6 朵，多轮花序在茎枝顶端形成长穗状。花萼钟形，花冠有蓝色、淡紫色或蓝紫色等。小坚果倒卵圆形，褐色，平滑。

鲜嫩茎叶可食用。最常用的食用方法是炒鸡蛋、烙煎饼、泡茶等。民间常用蛤蟆草炒鸡蛋治疗咳嗽、喉咙疼痛等。作为叶菜类野菜，也可以用来下汤锅、凉调、炒食等。由于具有药用功效，还可以炖制药膳。

食用蛤蟆草，能够起到药食两用的效果，既可以品尝其特色野味，又能清热解毒，凉血利尿。

采食蛤蟆草，宜在冬季或春季采挖鲜嫩的丛生苗株为好。

南阳地区的老百姓有用鸡蛋炒蛤蟆草治疗咳嗽的传统习惯，并且蛤蟆草在蔬菜市场上广泛销售。

歌诀

莲座幼苗发达根，一叶一芽叶层深。
卵圆叶形齿状缘，蛤蟆皱皮表叶身。
茎杆四棱茎中空，叶片对生枝对对。
蓝绿花萼蝶形花，穗状花序伞形轮。
凉调做汤配蛋炒，炖制药膳泡茶饮。
清热润肺止咳嗽，孕妇体虚莫贪嘴。

圆叶锦葵

春季	嫩茎叶，根
夏季	嫩茎叶，根
秋季	根
冬季	

学名：圆叶锦葵
别名：金爬齿、托盘果、烧饼花、野锦葵、土黄芪、毛毛饼等
锦葵科锦葵属
多年生草本
繁殖方式：种子
花果期 5-8 月
中医认为：性温；根入药，具有益气止汗、利尿通乳、托毒排脓的功效。

Malva rotundifolia Linn.

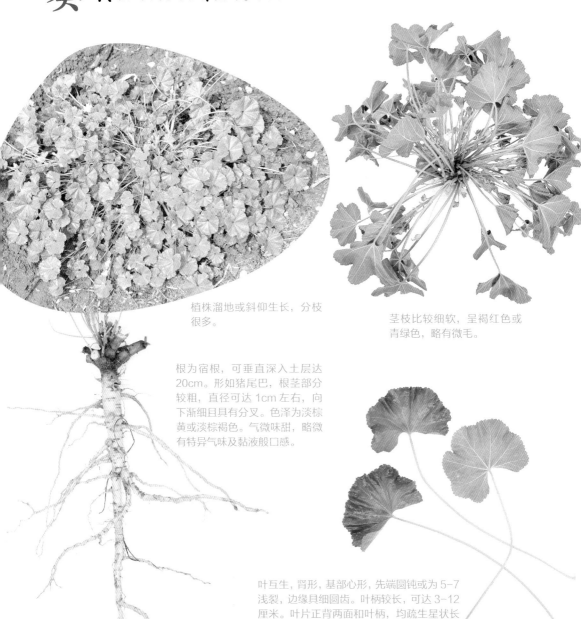

植株溜地或斜仰生长，分枝很多。

茎枝比较细软，呈褐红色或青绿色，略有微毛。

根为宿根，可垂直深入土层达20cm。形如猪尾巴，根茎部分较粗，直径可达 1cm 左右，向下渐细且具有分叉。色泽为淡棕黄或淡棕褐色。气微味甜，略微有特异气味及黏液般口感。

叶互生，肾形，基部心形，先端圆钝或为5-7浅裂，边缘具细圆齿。叶柄较长，可达3-12厘米。叶片正背两面和叶柄，均疏生星状长柔毛。

种子肾形，很小。

花白色或粉红色，花瓣为 5 瓣，附彩条，呈倒心形，为簇生或单生。花萼钟形，裂片 5 枚，花梗细长。花梗、小苞片和花萼均有星状柔毛。果实为扁圆形饼状，形如小扣子似的圆盘，由紧密竖生的 13-15 个分果片组成，具有短柔毛。因此，老百姓叫它托盘果、烧饼花、毛毛饼等。

根含大量草酸钙簇晶、淀粉粒等。

嫩茎叶和根均可食用。肥壮的根堪比人参，可炖肉、泡酒等，具有补气壮体作用；嫩茎叶可以炒食、蒸食、煲汤等，口感滑腻。

目前的圆叶锦葵野生量较少，要有保护性地采摘，不可一扫而光。

圆叶锦葵在河南焦作一带，老百姓叫它毛毛饼或土黄芪。其叶做菜光滑可口，用根煮水提神补气。在上世纪 60 年代，沁阳城关的小朋友有采食嫩果食用的习惯。

歌诀

多年草本匍匐行，根深枝多叶互生。
圆圆叶片长片柄，短密柔毛满叶茎。
两片苞叶护叶基，三五花蕾叶腋生。
五瓣小花彩色条，扁圆小果种肾形。
宿根肥壮赛人参，炖肉泡酒保健灵。
嫩茎嫩叶做菜用，蒸炒煲汤味道正。
根系入药性温甘，归入脾经和肺经。
益气止汗可通乳，托毒排脓利尿灵。

冬葵

春季　幼苗，嫩茎叶
夏季　鲜花
秋季
冬季

Malva crispa Linn.

学名：冬葵
别名：葵菜、冬寒菜、冬苋菜、皱叶锦葵、滑滑菜等
锦葵科锦葵属
二年生或多年生草本
繁殖方式：种子
花果期 5-7 月
中医认为：性寒；全草入药，有清热、利尿、滑肠、通乳等功效

冬葵植株为直立生长形，株高可达 100 厘米左右，全株有柔毛。
小苗呈簇生状，叶片肥嫩宽大，叶柄细长。

根粗壮，有分枝，长而弯曲，黄白色，有黏液。

叶片互生，绿色或略带紫色，为掌状5-7浅裂。叶缘有细锯齿，叶片皱缩扭曲。

茎直立，从基部分枝，紫红色或浅绿色，具有沟纹。

大圆锥花序，小花两性，单生或数朵簇生于叶腋。花冠粉红色或白色，花瓣5个。花梗极短或近无花梗。

背面，叶基有多个花芽枝。

蒴果扁平圆盘状，由10-11个分果片组成。分果片呈橘瓣状或肾形，较薄的一边中央凹下。种子黑色至棕褐色。

正面。

冬葵是一种非常古老的蔬菜，也是一种野生花草，分白梗和紫梗。

幼苗、嫩茎叶和鲜花可食用。可凉拌、炒食、熬粥、炖汤、做馅、涮火锅等。特别是炖汤或涮火锅，滑溜爽口，清香宜人，老少皆宜。

冬葵除作为野菜和药用之外，因其圆叶折皱曲旋，秀丽多姿，且花色艳丽，花期又长，是很好的观赏植物，很适宜庭院及花盆栽培。

歌诀

根系发达株强健，叶柄细长叶近圆
叶基分生数花芽，紫圈围绕花芽转
枝杆挺直花满天，枝腋满载硕果盘
嫩叶涮锅或熬粥，老少皆宜营养餐
清热利尿且通乳，孕妇泻肚莫要沾。

甘露子

春季
夏季
秋季　肉质块茎
冬季　肉质块茎

Stachys sieboldii Miq.

学名：甘露子
别名：小甘露儿、地蚕、地牯牛、旱螺蛳、罗汉菜、益母膏、米累累、宝塔菜、螺蛳菜等
唇形科水苏属
多年生草本
繁殖方式：宿根
花果期 7-9 月
中医认为：性平；全草入药，有祛风清热、活血散瘀、利湿等功效

　　甘露子喜潮湿环境，常生于湿润地方或积水处，遇霜枯死。其野生资源在北方地区已经非常稀缺。

植株为直立生长形，株高可达 1 米左右。

茎直立生长或基部倾斜，四棱形，具有沟槽，单一或多分枝。茎节上生有粗硬毛和紫褐色环痕。茎基部匍匐生长的数节上，生有许多须根和横向根茎。

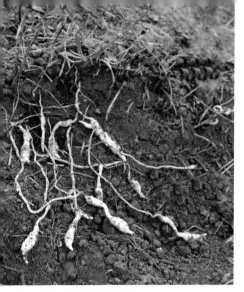

生长在地下的白色根茎节，顶端膨大生长成肥大的肉质块茎，形同念珠或螺蛳一般。因此，老百姓管它叫螺蛳菜、旱螺蛳、地蚕、地牯牛。又因肉质块茎味道甘甜，如"甘露"似的，所以叫甘露子、小甘露儿。

叶片绿色或青绿色，叶柄短，叶对生，卵圆形或长椭圆状，先端较尖，叶缘锯齿状，两面均生有短粗硬毛。

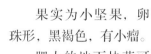

果实为小坚果，卵珠形，黑褐色，有小瘤。

肥大的地下块茎可凉拌、酱渍、腌渍或制作蜜饯等，最宜做酱菜或泡菜。脆嫩爽口，味道甘甜。

歌诀

长卵叶片缘齿尖，对生叶基红圈连，簇簇小花叶腋间。

四方茎杆四槽面，疏密白毛身着满，亭亭玉立杂草间。

白色宿根长不断，螺蛳块茎地下连，腌泡炒食或凉拌。

常吃风热被阻拦，巧用湿气能驱赶，配治瘀血渐收敛。

唇形小花，花色因种类不同，有白色、粉红色或紫红色，通常6朵一轮着生在茎节处，形成轮状，植物学上称之为轮伞花序。间断着生的花轮，如同串生的花穗一般，很是好看。

洋姜

春季
夏季
秋季 块茎
冬季 块茎

Helianthus tuberosus L.

学名：菊芋
别名：洋芋、菊薯、五星草、洋羌、番羌等
菊科向日葵属
多年生宿根性草本
繁殖方式：块茎及种子
花果期 9-11 月
中医认为：性凉；块茎或茎叶入药，有利水除湿、清热凉血、解毒消肿、益胃和中等功效。

洋姜原产于北美，在我国属于舶来的洋物种。有类似于生姜的地下块茎。通常用块茎繁殖，块茎分蘖发芽能力强，一次种植可永续繁衍。

植株为直立生长形，株高可达 3 米。株形好似向日葵，也开有许多黄色的盘状花，只是中间的花盘很小，结籽率极低。种子易发芽生长，落地生根。

茎直立，略扁圆，有不规则突起。茎上密布白色短糙毛或刚毛，茎上部多分枝。

叶绿色，为长卵形、卵状椭圆形或长椭圆形，叶面生有粗糙毛。叶顶较尖，叶缘有粗锯齿。

地下有不规则的球形或纺锤形块茎及纤维状毛根。块茎皮为红色、黄色或白色。

一般春季 4 月份发芽生长，霜降后植株枯死，地下块茎即可采挖。

将块茎洗干净后，可以直接生食，口感脆嫩水灵。也可以炒食、煮食、熬粥或切片油炸，还可以腌制加工。洋姜酱菜、洋姜脯或洋姜片具有独特风味。

脆嫩的洋姜块茎，最适宜糖尿病人食用。既能降低糖尿病患者的血糖，又可升高低血糖病患者的血糖，对血糖具有双向调节作用。

洋姜还可以通过深加工制成淀粉、菊糖、食品添加剂、保健品等。洋姜提取的柴油，被称为绿色石油，是很好的代用燃料。

洋姜栽培在庭院里，既可采挖块茎食用，还可以观赏，一举两得。

歌诀

宿根草本高茎杆，
叶面短刺叶背光，
叶片顶尖形长卵，
块茎似姜地下卧，
黄花开在茎枝端，
圆球花蕊花心坐，
十二花瓣平又展，
花冠适宜做茶饮，
块茎腌炒或凉拌，
优质食品添加剂，
淀粉菊糖块茎含，
防风固沙好饲料，
生物柴油好来源，
茎叶块茎性微凉，
消湿散热血糖安。

野地黄

Rehmannia glutinosa (Gaetn.) Libosch. ex Fisch. et Mey.

春季　幼苗
夏季　肉质根
秋季　幼苗，肉质根
冬季

学名：地黄或生地
别名：野地黄苗、野地黄缨、老头喝酒、酒壶花、酒盅花等
玄参科地黄属
多年生草本
繁殖方式：肉质根
花果期 4-7 月
中医认为：性凉；肉质粗根或块根与栽培地黄一样可以入药，有清热滋阴、凉血止血、生津止渴、健脾补肺、固肾益精等功效

野地黄茎为短缩茎，着生着叶片。地下有鲜黄色的肉质根和线状的毛细根。有的肉质根形成块状，与栽培地黄的块根一样。但一般没有栽培地黄的块根肥壮发达。甚至，有的根未肉质化，只如同根茎一般。

野地黄与栽培地黄一样，为丛生状，叶片着生在茎基部，呈莲座形叶丛。抽生花茎后的成株，高 10-30 厘米。

叶片互生，卵形至长椭圆形，上面墨绿色略带紫红色，下面灰白色。叶面呈皱泡状，叶缘具有不规则的齿。叶片基部渐渐狭窄，形成叶柄。叶脉在叶面上凹陷，在叶背下面呈隆起状。叶片上下两面，均密生灰白色长柔毛和腺毛。

叶丛中抽生花茎，多为单生，花茎上着生数朵或十余朵花。花较大，花萼五裂。花冠钟形，像喇叭花一样，非常好看。

嫩叶、鲜花和肉质根均可食用。肉质根可以荤素配炒做菜，或炖猪蹄、熬粥等。嫩叶、鲜花可以煮汤或凉拌，还可以榨成鲜汁和面做彩色面食等。味道清爽，微有苦味。

蒴果卵形至长卵形。种子微小，黑褐色。

歌诀

叶面泡皱缘齿显，叶形肥壮长椭圆。
植株莲座塌地生，群居生息一片片。
花茎单杆叶腋出，花朵紫白钟铃串。
橘黄根系炖猪蹄，榨取鲜汁和彩面。
调经补肾能生津，滋阴清热还血安。
腹满便溏忌服用，脾虚湿滞应躲闪。

野山药

春季
夏季
秋季 肉质根茎，山药蛋
冬季 肉质根茎

Dioscorea nipponica Makino

学名：穿龙薯蓣
别名：串地龙、穿山龙、土山薯、铁根薯等
薯蓣科薯蓣属
繁殖方式：肉质根茎、山药蛋和种子
花果期 6-10 月
中医认为：性温；根状茎药食两用，有舒筋活血、止咳化痰、祛风止痛及健脾补肺、固肾益精等功效

野山药常生于山坡林缘、溪涧沟边、杂草灌丛等处，为缠绕草质藤本。

植株为攀缘缠绕形。茎藤状，青紫色，细长有棱，往往攀附着其他物体生长。茎长可达 3-4 米，甚至更长，且呈左旋扭曲状。

叶为单叶、对生或互生，有叶柄，尖心形或三角状戟形等。边缘多呈不相等的三角状钝裂，中间裂片尖长，两侧裂片圆润。叶色黄绿光亮，近于全缘，叶脉圆弧状。

叶腋内常生山药蛋，也叫珠芽或零余子，呈圆形或肾形，一般如指头肚大小。

花单性异株，小花黄绿色，穗状花序腋生。雄花无柄，花穗近直立。雌花常单生，花穗下垂。

霜降后植株枯死。地下的根状茎就是野山药了，和栽培的山药一样，断面也是白色，富有黏性，只是形状不太规则，常有指状分枝，质地也较硬。

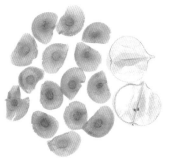

果实为翅状蒴果，三棱形。每个翅状分果中，有种子一枚或没有种子。薄膜翅状，如榆钱般。种子棕褐色，扁平，椭圆形。

根状茎药食两用。和栽培的山药一样，根状茎和山药蛋都能吃，吃法也基本相同。肉质细嫩，面沙沙的，营养更丰富。

草本植物宿根生，细圆绿紫左旋茎。

叶脉圆弧淡绿色，叶片亮绿多戟形。

穗状花序叶腋出，雌雄异株花单性。

小小花朵黄绿色，老黄蒴果三棱形。

棕褐种子似小钱，结实率低多空铃。

藤茎易结山药蛋，珠芽零余又别名。

地下块根肉细嫩，弯弯曲曲不规整。

蒸煮做羹助消化，健脾补肺固肾精。

黏液接触会过敏，食滞便结莫食用。

歌诀

131

黄精

春季 嫩叶
夏季
秋季 肉质茎
冬季 肉质茎

Polygonatum sibiricum

学名：黄精
别名：鸡头黄精、鸡头参、黄鸡菜、爪子参、老虎姜等
百合科黄精属
多年生草本
繁殖方式：根茎和种子
花期5-6月，果期7-9月
中医认为：性平；肉质根茎药食两用，有滋肾润肺、延防衰老、补脾益气、养阴等功效

黄精多生长在山林、灌丛中或山坡阴处。

茎杆为圆柱形，单一，无分枝，一般如筷子或铅笔粗细。表面光滑无毛，青绿色或灰褐色。植株直立生长，常呈微微的弓状。株高一般为50-100厘米。

叶片如竹叶一般，无叶柄，一般3-6片轮生。叶面绿色，背面淡绿色。

花筒状，腋生，白色。伞状花序，下垂生长，一般有花两朵以上。花梗为两两分支，花朵成两两并生。好似悬挂着的串串风铃一般，别有景致。

地下有肥大的肉质根状茎，呈不规则的结节状，有圆圈状的茎痕和须根，形似鸡头，故称鸡头黄精或鸡头参。断面淡白色。

果实为球形浆果，幼果绿色，成熟时黑色，具4-7颗种子。

肉质根茎可以蘸糖生食，脆嫩甘甜，食用爽口。还可以炒食、煲汤、蒸食、熬粥、泡酒、做药膳等。嫩叶也可以焯水后拌成凉菜食用。

黄精在太行山区多有分布，当地老百姓称其为"鸡头参"。在河南修武县，鸡头参的种植与开发曾经被列为国家科技开发项目。

藁本

 幼苗，嫩茎叶

 嫩茎叶

Ligusticum sinense Oliv.

学名：藁本
别名：香藁本、西芎、藁茇、鬼卿、地新、山苣等
伞形科藁本属
多年生草本
繁殖方式：种子，根芽
花果期 8-10 月
中医认为：性温；根和根状茎入药，有祛风散寒、除湿止痛等功效

　　藁（读音同搞）本多生于山坡及林下、沟边、草丛等湿润的地方。只在我国为数不太多的省份有分布，是一种芳香性草本植物，为我国特有物种。

植株为直立生长形，呈分枝形披散状，株高可达 1 米左右。

地下有发达的根状茎，呈不规则结节状圆柱形，与生姜有点儿相似。断面黄色或黄白色，呈纤维状。气浓香，有辛、苦、微麻之味。

茎为中空的圆柱形，直立生长，表面有纵沟纹。叶子有点像芹菜。

花为白色小花，伞状，像繁星一般。

果实为双悬果，
长圆状卵形，分
果呈压扁状。

鲜嫩茎叶和小苗可以食用。焯水处理后，可以凉拌、炒食、做馅或蒸食，具有特异的辛香味道。

歌诀

直立草本多年生，中空茎杆有纵棱。
叶片羽状三三分，叶鞘抱茎为互生。
复伞花序顶腋出，白色小花似繁星。
双悬果实椭圆形，单个种子多皱棱。
鲜嫩茎叶焯后泡，做馅腌调或炒蒸。
发达根茎褐紫色，条条块块不规整。
性温味辛归膀胱，药祛风湿散寒灵。
阴血亏虚内热忌，肝阳头疼须禁用。

135

慈姑

  球茎

 球茎

Sagittaria trifolia L.
var. sinensis (Sims.) Makino

学名：慈姑
别名：剪刀草、燕尾草、茨菰、慈菇、白地栗等
泽泻科慈姑属
多年生草本
繁殖方式：种子、球茎或顶芽
花果期 7-11
中医认为：性微温；球茎入药，有解毒疗疮、清热利胆等功效

慈姑多生长在水边，湖泊、池塘、沼泽、浅水沟、溪边或水田中常能见到。由于北方水源减少或污染，野生慈姑越来越少，但在南方水源丰富的地方还是比较常见。

叶形奇特秀美，所以被称为剪刀草、燕尾草，很有观赏价值。

慈姑有不同类型，株形也不同。常见慈姑的植株为直立生长形，叶片挺水生长，株高50–100厘米。

结果的同时形成地下球茎。霜冻后地上部分枯死。

埋藏于地下的球茎或顶芽，一般春季3–4月份发芽生长。

根系为须根，根茎为短缩茎。地下有较粗壮的匍匐茎，顶端膨大为球形或卵形的球茎，即慈姑。慈姑长2–4厘米，直径约1厘米，黄白色、青白色或土黄色等，顶端有尖嘴状的顶芽。

短缩茎处抽生叶片，呈簇生状，绿色。叶柄基部扩大成鞘状，边缘膜质。叶片初生时，呈筒状形卷曲，展开后为三角叉状的箭头形，先端尖锐。通常顶裂片短，两侧裂片长，仰卧生长在叶柄顶端，如同燕子的尾巴一般，姿态轻盈，别有韵味。

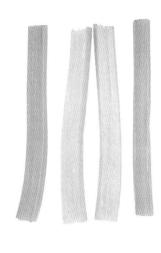

叶柄长而粗壮，长达20-40厘米，组织为疏松的网状结构，便于浮上水面。

果实为密集形的瘦果，倒卵形，扁平，有翅，种子位于中部，褐色，具有繁殖力。

花梗粗壮直立，挺水生长，从叶腋间抽生，通常为1-2枝，可高达70厘米或更高。花序总状或圆锥状，通常有3-3分枝，花为单性，白色黄心，花瓣近圆形，3朵轮生。花萼、花瓣各3枚。雄花雄蕊多数。雌花心皮多数，集成青绿色球形。

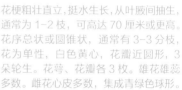

球茎可以炒食、煎炖或煮食。甜面醇香，风味独特。还可以加工制成淀粉。

歌诀

棱形叶柄网状身，叶似绿燕任风吹。

三三花枝三花瓣，三三种球为一轮。

青毛果实扁圆形，竖立种子扁平身。

薄鳞包裹紫黄皮，卵圆球茎泥下睡。

鳞茎做菜味独特，煎炒炖煮风味醇。

归入心肝肺三经，清肺利尿百毒隐。

内服补中益生津，外敷止疼肿胀消。

139

水芹菜

春季 幼苗
夏季 嫩茎叶
秋季 嫩茎叶
冬季

Oenanthe javanica (Bl.) DC.

学名：水芹
别名：细本山芹菜、刀芹、蜀芹等
伞形科水芹属
多年生宿根草本
繁殖方式：匍匐茎
花果期 6-9 月
中医认为：性凉；全草入药，有清热解毒、养精益气、清洁血液、凉血平肝、降压降糖、宣肺利湿、镇静安神等功效

水顾名思义，水芹菜多生长在浅水低洼处或池沼、水沟旁。我国很多地方都有分布，以长江流域分布广泛。

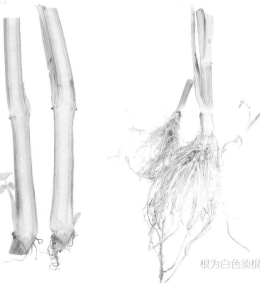

植株上部直立，茎基部匍匐生长，株高 15-80 厘米。

花序如伞状，由许多小伞一样的花序组成，生长在茎顶端。花为白色小花，众多白花开放，好似繁星一般。果实筒状长圆形，不结种子或种子空瘪。

茎为圆柱形，无毛。上部青绿色，下部白色或青紫色，空心有棱。

根为白色须根。

直立或基部匍匐生长，由匍匐茎萌发新芽并产生不定根，形成新株。

嫩茎及叶柄可以凉拌、炒食或做馅等，鲜嫩小苗涮火锅，更是别有风味。

水芹菜虽然香味独特，但生长在自然水生环境中，食用前一定要经过高温处理，以杀灭寄生虫卵。

有一种毒芹菜与水芹菜样子很相似，有剧毒，千万不能食用。毒芹菜与水芹菜最明显的区别是，毒芹菜茎上是毛茸茸的，而水芹菜无毛。切莫将剧毒的毒芹菜当水芹菜采食。

叶为二回羽状复叶，互生，叶缘有粗锯齿。叶柄细长，具有瓦棱状沟槽，基部鞘状。

歌诀

复状叶片为互生，圆圆茎杆腹中空，
一叶一芽一簇根，节节分株节节同。
茎杆浮水茎尖直，主根蓄泥气根生，
复伞花序小花白，筒状果实子房空。
嫩苗吃法芹菜同，茎叶吃法芹菜同，
嫩杆叶片多纤维，润肺健胃行肝中。
清肠益气助脑静，补血降压抗癌肿，
茎叶有毛含剧毒，表面光滑可食用。

141

香椿

嫩茎叶

春季
夏季
秋季
冬季

叶子为羽状复叶，叶的顶端常有两片小叶，植物学上称为偶数羽状复叶。叶互生，叶柄较长，可长达 50 厘米左右。叶柄上的小叶片有十好几对，卵状披针形或卵状长椭圆形，叶顶较尖。

香椿是民间最喜采食的传统"树头菜"之一，为香椿树的嫩芽，具有浓郁的芳香气味。

香椿树属于楝科香椿属乔木。

香椿树以根蘖繁殖或种子繁殖。

香椿树原产于我国，现在野生和栽培都有。

香椿树树体高大，树皮粗糙，深褐色，往往呈片状脱落。

一般 6-8 月份开花，9-12 月份结果。

香椿嫩叶芽具特殊芳香气味，可以炒鸡蛋、凉拌、挂面糊油炸或腌渍等。香椿炒鸡蛋、香椿腌菜都是特色菜肴。另外，香椿种子生成的芽苗，凉拌、炒食均可，味道鲜美，芳香可口。

种子翅状，褐红色，可以繁殖。并且没有休眠期，成熟后即可发芽。

嫩芽青紫或紫色，成叶绿色。

香椿为雌雄异株。平时只关注于香椿嫩芽，很多人不知道香椿也能开花结果，白色的小花，有和香椿芽一样的香气。果实为蒴果，呈长椭圆形，深褐色。

香椿芽苗。

香椿虽然美味，但亚硝酸盐含量较高，越老含量越高，焯烫有助于减少亚硝酸盐，所以香椿要选嫩芽，吃前必须焯烫。

采摘香椿，一般在 4 月份，此时，香椿芽嫩叶香味浓郁。

歌诀

乔木树种冠层深，初芽折去新芽盛。
羽状复叶青紫色，春季一芽一簇生。
圆锥花序椭圆蕾，披锈老果串串铃。
根皮果实好入药，种有膜翅随风行。
春芽腌炒味道鲜，保肝健脾强功能。
多食易诱痼疾发，适量食之免疫增。
药入胃肺大肠经，味道甘苦为凉性。
补血止血舒筋骨，消炎抗菌去湿灵。

143

春季 榆钱
夏季
秋季
冬季

榆钱

榆树的幼树树皮平滑，呈灰褐色或浅灰色，大树的树皮呈暗灰色，有不规则深纵裂，粗糙。小枝条一般光滑，呈淡灰色或淡黄色，有针眼状的散生皮孔。

榆钱因其外形圆圆的，像古代的铜钱，故而得名。有的地方也叫榆实、榆子、榆仁、榆荚仁等。

鲜嫩的榆钱，是民间每年都要采食的"树头菜"之一。

榆树的主要形态特征是，树体高大，根系发达，树干可高达二十多米，胸径可达一米左右。树干直立生长，枝多开展，树冠近球形或卵圆形。干旱贫瘠的地方，往往成灌木状。

果实为翅果，即榆钱，近扁圆形，顶端有凹缺，种子居于中间。色泽淡绿或黄白，簇生状间断着生在枝条上，一串串地缀满枝头，很是喜人。老熟后的榆钱，色泽白黄，呈干枯状，随风吹落，飘散四方。

叶为单叶互生，卵状椭圆形至椭圆状披针形，先端渐尖，叶面平滑无毛，边缘具重锯齿或单锯齿。

花很小，紫褐色。春季开花结果。种子具有繁殖能力，果实成熟后即可发芽。

榆钱性平，有健脾安神、清心降火、止咳化痰、清热利水、杀虫消肿等功效。

鲜嫩的榆钱脆甜细腻，别具风味。可以生吃、煮粥、摊饼、炒食、做蒸菜、蒸窝头或做馅等。

采摘榆钱时，一定要注意保护生态环境和资源，切不可破坏树木，并要注意安全。

歌诀

粗糙老皮高树干，光滑嫩枝多柔软。
叶片互生卵圆形，叶顶渐尖叶齿显。
花比叶芽先开放，果实近圆似小钱。
钱状簇串满树挂，老熟榆钱随风散。
生吃利水清心火，蒸菜健脾又化痰。
杀虫消肿效果好，肠胃溃疡莫要沾。

柳絮

春季 夏季 秋季 冬季

嫩叶，嫩花序

柳絮即柳树的种子，上面有白色绒毛，老熟后随风飘散如飞絮一般，故称柳絮。也叫柳絮菜、柳蕊、柳实、柳子等，是民间每年早春最常采食的"树头菜"之一。

柳树为杨柳科柳属落叶乔木。

柳树的枝条下垂生长，较细，比较柔软，光滑，可以编成篮子、筐等。孩子们喜欢折下柳枝编成环戴在头上。早春时树液流动后，嫩皮与木质部结合松散，极易拧离，拧下的圆筒状的树皮截成寸段，把一头削去上面一层，捏扁一些，就成了哨子。

柳叶细长，常用来形容漂亮的眉毛。柳叶边缘有细小的锯齿。

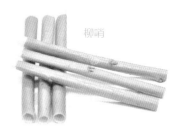

柳哨

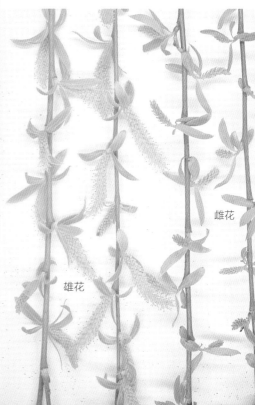

雌花

雄花

柳树分雌雄两种，结出的柳絮不一样，雄花花穗较疏散，鲜黄色，不产生飞絮；雌花花穗较紧密，青绿色，产生飞絮。也就是说，那讨厌的让人流鼻涕打喷嚏的飞絮，都是雌性柳树造成的，如果种成雄性柳树，就不会再有这种烦恼了！

柳絮较苦，焯水后用凉水浸泡12小时以上再吃，能减轻苦味，口感会好一些。

鲜嫩的柳絮可以凉拌、炒、做馅或蒸食等。

采摘柳絮时，要注意保护生态环境和资源，切不可破坏树木。

柳絮性凉，有凉血止血、清热解毒、祛风消痈等功能。

构穗和构桃

春季 构穗
夏季 构桃
秋季
冬季

构穗和构桃，是人们喜欢采食的"树头菜"和野果。

构树属于桑科构属落叶乔木，有的地方叫构桃树、楮桃树、构乳树、谷浆树、谷桑、谷树等。

种子、串根或扦插均可繁殖。

野生构树多为串根繁殖，生长迅速，山坡、山谷、平地或村舍旁等处很常见，极易形成雌树群落或雄树群落。

构树树冠张开，树皮平滑，浅灰色或灰褐色，嫩枝密生柔毛，茎叶具乳液。

根系浅，侧根分布很广，生长快，萌芽力和分蘖力强。

雌花是球形的，当夏季成熟的时候，挂在枝头的橙红色圆球形构桃，香甜的气味沁人心脾，煞是喜人，昆虫更是为之忙碌不休。构桃可以生食，口感甜润。

叶互生，呈螺旋状排列。叶子边缘有粗锯齿，有的圆圆的，有的则长得四分五裂的。

雄花先于叶片长出，暗绿色，呈紧密穗状，长3-8厘米，即构穗，也被称为构棒、构棒槌。三四月份，构穗挂满枝头，如同千万条桑蚕坠在树上一样。

　　构树的叶子、果实、种子、根皮和乳液均可入药。具有补肾、利尿、明目、强筋骨、凉血、杀虫、消肿解毒、祛风湿的功能。性寒。
　　构树叶子是很好的猪饲料。

歌诀

根系串苗壮，同处同祖生。
雌雄不同株，开花各不同。
雄花像蚕蛹，早春叶前行。
雌花红酱果，盛夏笑脸迎。
雌花水果用，雄穗拌炒蒸。
品种缺刻异，叶片多掌形。
入药补肾脏，利尿肝目清。

槐花

春季 夏季 秋季 冬季

嫩花

小枝暗褐色，幼时有棱脊，具刺针，无毛。

民间春天最常采食的"树头菜"之一槐花，是刺槐树的花，也叫洋槐花。顾名思义，这种树是带刺的，是外来的。

刺槐树原生于北美洲，于18世纪末从欧洲引入我国。4-5月开花，6-9月结果。

槐树枝上的刺很容易刺破手指，采摘槐花时要小心。要注意保护树木，不要折损较大的树枝。

成熟的刺槐花可以作为美食，但是，未成熟的小花蕾及新枝叶芽却具有毒性，过多食用容易引起脸和手部浮肿，局部刺疼、灼痛或胀痛，发痒，全身无力等过敏性中毒症状。

含苞待放、半开的槐花比全开的更好吃，更容易保鲜。

摘槐花时，从根部整串摘下，吃之前再捋成散粒，这样保鲜效果更好。

刚摘下的槐花，要及快摊开，不要长时间闷在塑料袋中，这样槐花容易发热，就不新鲜了。

几天内要吃的的槐花，可放在冰箱中冷藏保存。如果长期保存，可以不加处理直接放在冷冻室里冻起来。吃时拿出解冻，捋成散粒，再淘洗干净、鲜美如初。或者先捋成散粒，淘洗干净后焯水，攥水成团后放入冰箱冷冻，吃时解冻即可，这种方法的保鲜效果不如直接冷冻，但不占地方。也可以把槐花拌面蒸后，冷冻保存，吃时解冻，炒一下即可。

叶为羽状复叶，顶端只有一片叶子，在植物学上称之为奇数羽状复叶。叶柄处有一对儿长刺，小叶常有十余对，叶边没有锯齿。

刺槐树属于豆科刺槐属落叶乔木。种子繁殖，亦可根蘖繁殖。刺槐树的干性强，树干高10-25米。树皮灰褐色，纵裂纹多。

槐花的花香沁人心脾，有微微的甜味。可以生食、

槐花是白色蝶形，花串长 10-20 厘米，下垂生长。
槐花盛开时节，满树洁白靓丽，芳香诱人，是优良的蜂蜜来源。

果实为荚果，褐色或有红褐色斑纹，线状长圆形，扁平，有种子数
粒至十余粒。种子褐色至黑褐色，微具光泽，近肾形。

凉拌、蒸食、炒食、做馅、做汤或干制备用。

　　蒸槐花的方法：槐花淘洗干净，控水至半干，放在大盆中，撒上面粉，抖匀，面粉不要多，裹上薄薄的一层即可。蒸锅中加水，水开放入挂有面粉的槐花。大火蒸六七分钟，中间可以翻一下。关火后放入盆中，不烫时加盐拌匀，凉后加小磨油或辣椒油、蒜汁即可。也可以蒸后再加葱丝、姜丝等炒一下。

　　槐花炒鸡蛋非常好吃，很鲜美，有淡淡的虾味。制作也非常简单：槐花淘洗干净，控水，加入鸡蛋，加盐搅匀，倒入热油锅中炒一下就可以了。

歌诀

落叶乔木根生苗，树干修长皮褐黄。
羽状复叶叶缘光，对对圪针护生长。
花序下垂蝶花串，花冠白色蜜芳香。
果实褐黄长扁荚，种子黑褐似肾脏。
干鲜嫩花蒸蒸菜，拌炒做馅或做汤。
槐花性凉味且苦，清热泻火使血凉。
降压抗炎消水肿，过敏发痒勿多尝。

枸杞

春季 嫩茎叶
夏季
秋季 枸杞子
冬季

枸杞在民间有多种叫法，如狗奶子、枸杞果、地骨子、红耳坠、枸地芽子、枸杞豆、枸杞菜等。

枸杞属于茄科枸杞属多分枝落叶灌木。

在一些田埂路旁、河岸沟边、山坡丘岗等处，很容易见到野生的枸杞。

除野生外，还有庭院观赏栽培和大面积药用生产栽培。不过，栽培型与野生型不完全相同，植株形态上有些差异。

植株高一般为几十厘米到一米左右，栽培的可达两米。

枝条细长，多分枝，呈弓状弯曲或俯垂状，淡灰色，有纵条棱，布满棘刺。生长叶和花的枝条，棘刺较长，小枝顶端锐尖成棘刺状。

枸杞根系发达，深入土层，抗旱能力强。

花紫色，漏斗状，花冠5裂，花萼3-5裂，单生或簇生于叶腋。

浆果卵形或长圆形，深红色或橘红色，好像一个个美丽的小耳坠一样。

单叶互生或簇生，卵状披针形或卵状椭圆形，全缘，先端尖锐或带钝形，表面淡绿色。

夏秋季开花结果。

果实和嫩芽均可食用。枸杞芽可以凉拌或腌制，味道清爽微苦。枸杞子可以加工成各种食品、饮料、保健酒、保健茶或煮粥、煲汤、做药膳等，最适合与灵芝、大枣搭配。

清明节以后的枸杞芽易生蚜虫。

合理食用枸杞，能够养肝明目、补虚安神、壮阳益精、祛风润肺、增强免疫、滋阴补血、美白养颜、延缓衰老。

枸杞虽然有滋补和治疗作用，由于它温热身体的效果相当强，正在感冒发烧、身体有炎症、腹泻的人最好不要食用。

歌诀

植株丛生茎半软，长势强健针刺显，
叶子互生着嫩枝，叶片绿色长椭圆，
长柄花蕾蕾顶圆，五星花朵紫外翻，
鲜嫩叶芽做菜用，凉拌腌制味道鲜，
根皮广称为地骨皮，润肺滋肾又养肝，
红果串串叫枸杞，清热明目精气攀，
红参桂圆不相宜，最适灵芝大枣伴，
泡茶泡酒炖高汤，感冒发烧应疏远。

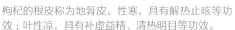

枸杞的根皮称为地骨皮，性寒，具有解热止咳等功效；叶性凉，具有补虚益精、清热明目等功效。

花椒叶

春季 嫩茎叶

夏季 嫩茎叶

秋季

冬季

花椒树属于芸香科花椒属落叶灌木或小乔木。种子繁殖或分蘗繁殖。

它常常作为绿篱，被栽培在菜园周围、果园四边、梯田岸边以及庭院墙边等处。

人们都知道，花椒是常见的调料，具有辛香气味，是拌凉菜或调馅必不可少的调料。但好多人不知道，花椒叶也能做出美味的菜肴。

果球形，红色或紫红色，密生疣状凸起的油点。种子光亮，黑色，半球形。果实成熟后，果皮开裂，真可谓"麻红果皮含珠来"。

花椒树枝是带刺的，采摘时要小心一些！刺是三角形的，扁扁的，常常脱落。

花椒叶卵圆形或卵状长圆形，边缘有细钝锯齿。用手一搓花椒叶，就能闻到浓浓的花椒味，所以很容易辨识。

花椒花期3-5月，果期6-9月。

花椒叶有温中行气、逐寒、止痛、杀虫等功效。性热。

采摘的鲜嫩花椒叶芽，择洗干净后，可以焯水后凉拌、勾芡油炸、卷花卷馍、下汤面，炒食，酱制或蒸食等。味道辛香，别有风味。

花椒叶的最佳采摘时期是春夏之季，以后花椒叶老了就失去原来的鲜味了。

采摘花椒叶时，要注意保护树木，注意安全，不要破坏了花椒的正常生长，影响花椒的正常结果，也不要被刺扎了手指。

歌诀

树冠野性树干矮，屹针满身防侵害，
羽状复叶簇簇长，腺腺点点均透白，
四五叶片现花蕾，麻红果皮含珠来
幼嫩叶芽花椒味，勾芡油炸饼内埋
汤面花卷荤素炒，凉拌酱制蒸蒸菜
杀虫杀菌能力强，脘腹冷痛治愈快

155

桑葚和桑叶

春季 嫩芽，嫩叶

夏季 嫩叶，桑葚

秋季

冬季

桑树也叫家桑、桑葚树等。

桑树属于桑科桑属乔木或为灌木。

种子、根蘖和插枝繁殖。

桑树原产我国，比较常见，尤以长江中下游各地为多。

自然生长的桑树，树体高大，富含乳浆。

桑树根系发达，生长快，萌芽力强，树龄可达千年之久。

树皮厚，灰色或黄褐色，具不规则浅纵裂。嫩枝有细毛。

叶子为卵形或宽卵形，边缘呈粗锯齿状，叶片正面黄绿色，光亮无毛。叶片背面绿色叶脉突起，小脉网状，脉上有疏毛，脉基有簇毛。

雄花

雌花

花序为骨朵状葇荑花序，腋生，与叶同时萌生。雌雄异株，花单性。雄花序下垂，毛毛虫状，有白色柔毛，淡绿色。雌花序指头肚大小，总花梗有柔毛，小花无梗。

一般四五月份开花结果。果子就是美味娇嫩的桑葚，紫黑色或淡红色，饱满多汁，味甜带酸。

桑葚营养丰富，但切记未成熟的不能吃！

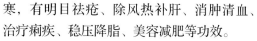

桑叶扯开时*丝丝缕缕*的，是蚕宝宝的最爱。

桑叶又名铁扇子、蚕叶，性寒，有明目祛疮、除风热补肝、消肿清血、治疗痢疾、稳压降脂、美容减肥等功效。

鲜嫩的桑叶焯水后浸泡，可以拌凉菜、炒食等。桑叶也可以制茶。

桑树的枝条可编箩筐。树枝可以做桑杈、龙头拐、弓等。

霜降后采收的桑叶，是一味专门的中药，叫霜桑叶，煮水喝可以治疗咳嗽。

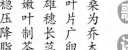

桑为乔木或灌丛，
叶片广卵色亮绿，
雄穗长蕊花色白，雌树花白果紫红，
嫩叶制茶凉拌炒，成叶最适养蚕蛹，
稳压降脂除风热，明目祛疮益美容，
胃虚便溏要忌嘴，果实儿童少食用。

香芝麻叶

春季 夏季 秋季 冬季

嫩叶

幼枝黄绿色，有纵向细皱纹，密生黄褐色短柔毛。

在河南新乡南太行景区，有一种山野菜叫作香芝麻叶。这其实是一种植物学中文学名叫作海州常山的山野树叶，与栽培的芝麻叶一点儿边都不沾。

海州常山还被老百姓称为臭梧桐、臭芙蓉叶、凤眼子、楸叶常山、泡火桐、追骨风、后庭花、香楸、海桐等。

植株为灌丛或小乔树种，枝杈多，根系丛生在山岩中，多生长于海拔 2400 米以下的山坡、溪边和村旁等处，我国许多山区有分布。

老枝无毛，灰白色。质硬而脆，断面淡黄色，髓部白色。成叶色泽深绿，阔卵形，叶背附短毛。嫩叶紫红色，用手搓捻，有一股芝麻香味，所以，南太行老百姓称之为香芝麻叶。

花序为伞房状聚伞花序，花序及花序梗较长，呈扇面状。花萼笼状紫红色，花冠细长筒状，白色或粉红色。花丝与花柱长长伸出花冠外，好似蟋蟀的触角一样。花有香味。

果实为浆果状核果，近球形，直径 6-8 毫米，包藏于增大的紫红色宿萼内，成熟时外果皮蓝紫色。

花果期 6-11 月。开花时节，一株树上会有绿色的叶片、紫红色的萼片、白色的花朵和蓝色的果实四色共存，色彩丰富，色泽亮丽，令人赏心悦目。且花序大，花朵繁密似锦，植株繁茂，是良好的观赏花木。

嫩叶焯水后制作干菜，被称为香芝麻叶。可以凉调、做馅、炒蛋、做糊涂面条或与荤素食材搭配炒食，吃法多多，风味独特。

注意要在早春时节采摘鲜嫩的叶片，等到叶片长老了，就会失去风味。并且，因其多生长在山坡上，采摘时

一定要注意安全。同时，要保护好生态环境。不要因为采摘破坏了树木，损伤了身体。

香芝麻叶是山区老百姓喜爱吃的一种传统野菜。目前，已由新乡南太行旅游有限公司作为地方野味产品进行开发销售。

根茎叶花均入药，有祛风除湿、平肝降压、清热解毒、止痛杀虫等功效。性凉。

歌诀

树种灌丛枝杈多，根系串生山岩坐。
嫩叶紫红成叶青，背附短毛叶卵阔。
乳白花瓣细长蕊，扇形花序花蕾多。
萼片笼状色紫红，花瓣落去蓝珠卧。
绿白红蓝满树挂，枝叶花果多错落。
嫩叶饱含芝麻香，焯后干制吃法多。
糊涂面条荤素炒，凉调拌馅蛋汤做。
祛风利尿能止痛，降压平肝清热火。